十勝の戦時中・戦後の緊急開拓入植

発端は太平洋戦争　市町村史などから紹介

加藤公夫 編

北海道出版企画センター

はじめに

私は、昭和四三（一九六八）年から昭和四五（一九七〇）年まで、短い期間、戦時中、戦後の緊急開拓入植農家の営農をお手伝いする開拓営農指導員として働きました。

道職員を退職し、生まれ育った十勝に住み、かつて、開拓営農指導員であったことから、十勝の戦時中、戦後の緊急開拓入植の歴史に興味を持つようになりました。少なからず、戦時中、戦後の緊急開拓入植の資料を保存していましたので、それらを活用しながら、自分自身が知りたいと思う「十勝の戦時中・戦後の緊急開拓入植」をまとめようと思い立ちました。

昭和二三（一九四八）年。戦時中、戦後の緊急開拓入植者の営農指導を業務とする開拓営農指導所が設置され、開拓営農指導員が採用されるようになりました。

私は、昭和四三（一九六八）年七月、北海道庁の最後の開拓営農指導員として採用されました。全道で四、五人の採用があったと記憶しています。

私は、僅かな期間、開拓営農指導員として、根室支庁別海東部開拓営農指導所（当時、別海村西別・所長、小林清三さん）に勤務しました。開拓保健婦さん（永田さん、荒木さん、松田さん、藤谷さん、高橋さん、林さん）も同じ事務所でした。事務所は根室支庁合同庁舎の中にあり、南根室地区農業改良普及所、林業指導所と同じ屋根の下の事務所でした。

その頃、公私共に、先輩の方々には、大変お世話になり、現在も、お付き合いをさせて頂いています。

当時、先輩に教えていただきながら、新米の私が行った主な仕事は、開墾検定の測量、開拓農家の営農実績調査などであり、通常は、オートバイに乗り、先輩の佐藤繁雄さん、菅原実さんに連れられ、開拓農家の巡回を行いました。

開墾した土地の開墾検定の測量は、秋遅く寒い時期に、一ヶ月間ほど行われ、村瀬英則さん、森井和男さん、私の三人ひと組で、平板測量を行いました。

平板測量は、私と先輩の森井和男さんと二人で、毎日、開墾した荒地の端から端まで、間縄《けんなわ》を引っ張って走り回りました。もう一人の先輩、村瀬英則さんは、間縄の測量をもとに平板の上で図面書きです。走り回る方は、汗も出ますが、疲れます。平板での図面書きは、立ちっぱなしで、秋風に吹かれ、寒さに震えながらの辛い仕事でした。

開拓営農実績調査は、開拓農家の一戸一戸の一年間の経営収支を調査するもので、一年間の収入から、支出の細部、家計費、負債などすべてを調査して記入します。

開拓農家の皆さんと面接をしながらの調査です。あらかじめ、調査用紙が配布され、それぞれが記入することになっているのですが、氏名さえも記入することなく、白紙で提出する人もいました。その中には、戦時中、爆風でほとんどが耳が聞こえない人、視力の弱い人などもいて、『書いて欲しい』というのです。気の毒に思いました。

電卓のない時代ですから、今までほとんど使用したことがなかったソロバンで、悪戦苦闘しました。

会計検査があるというので、オートバイで開拓農家を巡回しました。補助で導入された土改資材の炭カル、ヨウリンの袋が破れ、野積みにされたままの状態の開拓農家が多くありました。早急に散布して頂けるように話そうと思っても、出稼ぎに出て、不在であったり、子供さんしかいないところもありました。困りましたね。

採用面接の時、『オートバイの免許は』と聞かれ、私は、今頃、オートバイの免許をどうするのだろうと、思っていたところ、採用後、勤務地で、毎日、何十キロもオートバイに乗って仕事をするとは、思ってもみませんでした。

私が農業改良普及員に移行されて間もなく、開拓農協の組合長さんから、『境界が不明瞭な土地があるので測量して欲しい』と、依頼されたことがありました。私は、『測量士の資格がないので』と、お断りしたのですが、組合長さんは、『私が責任をもつから』というのです。

現場に着くと、組合長さん、開拓農家の皆さん数人が集まっていました。起点から測り、平板を置いて磁石で方位を確認して、測量したこともありました。

六月は、酪農家にとって、一番草刈り取りの忙しい最中です。開拓農家の息子さんが結婚することになり、近所の人たちは忙しいので、結婚披露宴の発起人になって欲しいと依頼がありました。お目出度いことなので、お手伝いをしました。

私が、結婚披露宴の進行役、司会の時、花嫁さんが衣装替えで控室に行ったきり、戻ってきませんでした。私は、しびれを切らし、どうしたのだろうと、控室に行くと、花嫁さん、美容師さんが泣きそうになって、必死にウエディングドレスの背中を閉めようとしていました。

どうしても、幅五センチ、長さ三〇センチほど、背中が空いたまま閉まらないのです。美容師さんに『あらかじめ、衣装合わせをしたのですか』と聞くと、『しました』という。

花嫁さんは、衣装合わせの後、お目出度いことにお腹が大きくなり、太ってしまったのです。背中の空いている部分を糸で縫ってとめ合わせ、応急措置をして事無きを得ました。

このように、開拓農家の皆さんとは、個人的にも久しくして頂き、冷や汗が流れる思いと共に、懐かしい思い出となっています。

令和四（二〇二二）年九月　加藤　公夫

十勝の戦時中・戦後の緊急開拓入植　目次

第三章　十勝各地域への援農状況　……51

第五章　戦時中の戦災者疎開と集団入植　…　83

第六章　終戦後の混乱期・引揚者と復員軍人

第七章　終戦後の引揚者、復員軍人の緊急開拓入植 …137

士幌・戦後開拓入植、一一三戸／上士幌・罹災疎開者一三九戸／
鹿追・復員軍人集団、九戸入植。引揚者、三〇数戸入植／
新得・トムラウシ開拓／見ていたら涙が出ました／
清水・拓北農民団、五六戸入植。八紘学院関係者、一七人入植／
清水・春日睦男さん、六歳の時の思い出／食料を求めて／
真っ暗な夜、朝日が輝く／御影・満州、樺太などから六三戸入植／
芽室・戦災者、戦後緊急入植者、一九二戸／芽室・戦後開拓入植状況／
芽室・西上美生に入植／拓北農民団として／西上美生に入植／
老馬を安く買い入れる／中札内・昭和三三年、開拓農協、吸収合併／
更別・三四八戸、入植／更別・柏林集落の誕生／
更別・八紘開拓団と豊郷地区、新興地区／雪の重みで天幕がつぶれる／
満州で考えた夢／更別・地区名、新香川／更別・新大阪・南栄地区の誕生／
大樹・二八八戸入植／大樹・瑞穂に入植／大樹・新生に入植／
大樹・光地園に入植／大樹・光地園の入植責任者、吉田敏夫さん／
第二の故郷／朝から皆で泣く／光地園と命名／
大樹・「組合回想」清算人代表、吉田敏夫さん／入植地の配当／開拓者連盟／
大樹村開拓農業協同組合の誕生／開拓営農指導員制度／大冷害と多くの離農／

本別・昭和二〇年から昭和二四年までの入植、離農、定着戸数／
本別・「組織の分裂の中で」加藤トメノさん／
次男は、乳牛の搾乳できる前に永眠／多額の借金／幼い子供まで、村八分／
開拓農協の対立のあと／足寄・復員軍人と満州からの引揚者、五三四戸入植／
足寄・中矢地区の入植／足寄・仲和地区の入植／足寄・塩幌地区白糸の入植／
足寄・山形庄内開拓団の入植／足寄・柏倉門伝開拓団の入植／
足寄・長野開拓団の入植／足寄・入植初期の苦難／足寄・入植者の回顧録／
足寄・「原始林のどこに開拓地があるのやら」五十鈴地区　関根安治さん／
足寄・「裸一貫」向陽地区　熊谷三郎さん／
足寄・「戸棚とテーブル」末広地区　堀　利次さん／見る影もないボロ戸棚／
足寄・営団開墾／足寄・火薬抜根／足寄・開拓者補助住宅／足寄・和牛の導入／
足寄・「我が家の二〇年」茂喜登牛　加藤節子さん／山菜で飢えをしのぐ／
素足まで焼けただれる／和牛を導入／肉牛を一〇〇頭飼育／
足寄・昭和二〇年から昭和二九年・戦後開拓者の入植経過／
足寄・戦後開拓入植状況／移転費補助・離農補助金／陸別・造材飯場が住居／
浦幌・東京から一〇戸、「浦幌隊」の旗を持って浦幌駅に降り立つ／
浦幌・「父の意思を継いで」愛牛地区　及川フミ子さん／谷地坊主切り／

第一章

戦時中・戦後の緊急開拓入植、発端は太平洋戦争

戦時中、戦後の緊急開拓入植の始まり

北海道への戦時中の開拓入植は、太平洋戦争末期に、空襲などの戦災を受けた都市住民の疎開者が、食糧確保、生活の安定のため、集団で北海道に送り出されたのに始まる。

戦後の開拓入植は、戦災を受けた都市住民、復員軍人、外地からの引揚者などが、食糧生産と生活の安定のため、緊急開拓入植を行った。

終戦の昭和二〇（一九四五）年から二二（一九四七）年までの日本の人口の増加は、約六二二万人。この内、引揚者は、約四五六万人。総人口は、約七、八六三万人であった。

（『北海道戦後開拓史』から要約引用）

大東亜戦争と太平洋戦争

昭和一六（一九四一）年一二月八日。日本軍によるアメリカのハワイ真珠湾奇襲攻撃で、戦争が始まった。

アメリカ、イギリスと開戦直後、一二月一二日、日本では、閣議決定で「大東亜戦争」と呼称することになった。その意味するところは、「アジアの殖民地を欧米諸国から開放して、アジア諸国の独立を目指し、大東亜共栄圏を樹立する」という理想を掲げた。

実際に、終戦後は、アジアの国々が、欧米からの殖民地から解放され、独立国として今日に至っている。

「大東亜戦争」という呼称は、日本の大東亜共栄圏構想に基づくもので、アジア諸国を植民地支配をしていた欧米にとって、好ましい呼称ではなかった。

主戦場が太平洋地域であったため、戦後、連合国軍最高司令官総司令部（ＧＨＱ）の日本占領政策で、「太平洋戦争（The Pacific War）」と呼称するようになった。

太平洋戦争末期、日本の各都市は、無差別爆撃で焼け野原となり、多くの一般国民が犠牲になった。各前線に送られた日本の兵士は、弾薬、食糧の補給もなく、旧式の軍備で精神力だけでは戦えるはずもなく、イギリス軍やアメリカ軍の何倍もの戦死者、戦病死者を出した。

昭和二〇（一九四五）年八月六日と九日に、広島（死者約二〇万人）と長崎（死者約一二・二万人）にアメリカ軍により原爆が投下された。このため、八月一四日、日本国は、ポツダム宣言（無条件降伏）受諾を連合国、アメリカ、イギリス、中国側に通告。翌一五日、天皇陛下が、ポツダム宣言を受諾したことを、ラジオ放送（玉音放送）で国民に知らせた。

昭和二〇（一九四五）年九月二日。アメリカの戦艦、ミズリー号艦上で、日本国は降伏文書に調印、太平洋戦争が終結した。

日本では、一般的に八月一五日を終戦としているが、国際的には、戦争の終結を九月二日としている。太平洋戦争は、この期間の約三年九ヶ月をいう。

太平洋戦争（大東亜戦争）の期間中を年表形式で示すと、次のようになる。

昭和一六（一九四一）年

・四月一日。「生活必需品物資統制令」交付。米、綿、縫い糸、砂糖など一二品目が配給制になる。
・一二月八日。日本軍、ハワイの真珠湾に奇襲攻撃を行う。
・一二月八日。アメリカ、イギリス両国に宣戦の詔書を発布。アメリカ、イギリスが対日宣戦布告。
・一二月八日。日本軍、マレー半島に上陸開始。
・一二月一〇日。日本軍、グアム島を占拠。フィリピン北部に上陸する。
・一二月一二日。戦争の名称を支那（日華）事変を含めて、「大東亜戦争」とすることを閣議決定する。
・一二月一九日。アメリカ映画の禁止。

昭和一七（一九四二）年

・一月二日。日本軍、フィリピンのマニラを占領する。
・一月一六日。札幌で、家庭の銅、鉄製品の回収を開始する。
・二月一日。全国。味噌、醤油、塩が切符制となり、衣類は点数切符制を実施する。
・二月一日。全国。農業生産の統制により、生産割合、農作業の統制、役畜、農機具、離農が統制される。

・二月一五日。日本軍、シンガポールを占領する。
・三月一日。日本軍、ジャワ島に上陸。
・三月八日。日本軍、ニューギニア島に上陸。
・四月一八日。航空母艦から発進のアメリカ軍機が、東京、名古屋、神戸などに初空爆を行う。
・五月九日。金属回収令により、寺院の仏具、梵鐘など強制供出を命ぜられる。
・六月五日～七日。ミッドウエー海戦。ハワイ諸島の北西に位置する環礁で海戦が行われた。日本の空母四隻が撃沈される。戦局の転機となる。
・六月七日。日本軍、アリューシャン列島西部のキスカ島に上陸する。
・六月八日。日本軍、アリューシャン列島西部のアッツ島に上陸する。
・八月七日。アメリカ海兵隊一個師団、ソロモン群島のツラギ島、および、ガダルカナル島に上陸する。
・八月～翌年二月。ガダルカナル島で戦闘。日本軍の地上部隊三六、二〇〇人。その内、戦死者約一九、二〇〇人。アメリカ軍の地上部隊六〇、〇〇〇人以上。内、戦死者約七、一〇〇人。
・八月。旭川の第七師団一木支隊二、〇〇〇人が、ガダルカナル島に上陸。翌年、二月に悪戦苦闘の末、脱出。六月に旭川の第七師団に帰還した兵は、二〇〇人だった。
・一二月三一日。大本営、ガダルカナル島の日本兵撤退を決定する。

昭和一八(一九四三)年

・二月一日。日本軍、ガダルカナル島撤退開始。
・四月一八日。連合艦隊司令長官、山本五十六、ソロモン群島上空で戦死。六月五日、国葬。
・五月一二日。アメリカ軍、アッツ島に上陸を開始する。
・五月二九日。アッツ島の日本軍玉砕。日本軍守備隊二、六五〇人。内、戦死者二、六二二人。アメリカ軍一一、〇〇〇人。内、戦死者六〇〇人。
・六月。全国。「学徒戦時動員体制確立要綱」を決定する。
・七月二九日。キスカ島の日本軍撤退する。
・七月。足寄村に、新潟県から最初の援農隊、六〇人が来る。
・九月八日。イタリア、無条件降伏する。
・九月。池田。一般町民、国民学校児童による煙草の代用品となるイタドリの葉を出荷する。
・九月。全国。米麦代用に、馬鈴薯を配給する。精米一合(一五〇グラム)に対して、馬鈴薯八〇〇グラムの配給。
・九月。陸別。佐賀県、兵庫県農業学校生徒が、食糧増産勤労奉仕隊として、援農のため上陸別方面などの農家に入る。
・一〇月二一日。東京。文部省などが主催。神宮外苑競技場で、雨の中、第一回学徒出陣壮行会が行われる。東条首相ら参列。女学生等が見送る。東京近在七七校の学徒数万人が行進する。

・一二月二四日。政府。徴兵適齢、一九歳とする。

・一二月。十勝。各農家に勤労奉仕隊が入る。

昭和一九（一九四四）年

・一月。この頃、十勝管内の農業生産計画、および、作物別生産割当など機密扱いとなる。

・一月。全国。米穀配給量が改正される。児童一・七合（二五五㌘）、一一～六〇歳、普通二・三合（三四五㌘）、学生二・五合（三七五㌘）、妊婦二・六合（三九〇㌘）、重労働三・七合（五五五㌘）の配給となる。

・二月四日。アメリカ艦隊、北千島の幌筵島に艦砲射撃と空爆を行う。

・二月二五日。全国。食糧増産のため、学徒、五、〇〇〇、〇〇〇人動員を決定。

・三月八日～七月。インパール作戦を開始。インド北東部、ビルマとインドの国境。インパールとコヒマでイギリス軍との戦闘。日本軍九〇、〇〇〇人以上が戦闘に参加した。日本軍の戦死、戦病死者六〇、〇〇〇人以上。イギリス軍一五〇、〇〇〇人、戦死、戦病死者約二〇、〇〇〇人。

・三月一六日。「日蓮丸」に、日本軍歩兵一、九〇〇人乗船。南千島海上で、アメリカ潜水艦の攻撃により沈没。四八人救助。以後、攻撃により船舶の遭難が相次ぐ。

・四月。更別。学童疎開、学徒援農などの勤労奉仕隊が、各農家に配属される。帯広中学（現、柏葉高校）、十勝農学校（現、帯広農業高校）、函館商業などのほか、本州各県の中学生（現、高校生）が出動する。
・五月。中札内。疎開帰農者、中札内村に入植する。
・六月一四日。アメリカ軍艦隊が、千島列島の中部、松輪島を砲撃する。
・六月一五日。アメリカ軍マリアナ群島のサイパン島に上陸。
・六月一六日。中国の基地からアメリカ軍のB―二九爆撃機、初めて北九州を空爆する。
・六月一九日。マリアナ海戦、日本海軍の空母、航空機、大半を失う。
・六月。十勝。「野草を食べよう」の運動を開始する。ワラビ、ウド、フキノトウ、フキ、タランボ、アイヌネギ、タンポポ、ヨモギ、アザミ、ニリンソウ、リュウリンカ、スギナなど。
・六月。十勝。防空壕が急増される。灯火管制下になり、各建物の白色の壁は黒色にする。
・六月。全国。戦時服装の徹底。女子はズボン、モンペ。男子はゲートル、戦闘帽、国民服着用。
・七月一日。全国。警戒管制の実施。減光、遮光の徹底。電球二燭光（光の強さの度合・カンデラ）以下、街路灯の消灯など。
・七月七日。サイパン島守備隊、玉砕。日本軍三一、〇〇〇人、戦死三〇、〇〇〇人以上。民間人約八、〇〇〇～一〇、〇〇〇人死亡。アメリカ軍六七、〇〇〇人。内、戦死約三、五〇〇人。
・七月一八日。全道。第五方面軍、兵団長会議で北海道の防衛強化を検討し、沿岸の各所にトーチカ設置を命令する。
・七月二一日。アメリカ軍、グアム島に上陸。
・七月二四日。アメリカ軍、北マリアナ諸島サイパンの約八キロ南、テニヤン島に上陸。
・七月。全国。強制疎開を実施する。一億総武装、竹槍訓練が始まる。
・八月三日。テニヤン島の日本軍守備隊、八、〇〇〇人、玉砕。
・八月一〇日。グアム島の日本軍守備隊、一八、〇〇〇人、玉砕。
・八月一〇日。十勝。犬、猫の調査を実施。軍需防寒のための毛皮資源として利用するため。
・八月二二日。沖縄。疎開児童を乗せた「対馬丸」が、那覇港を出港した。鹿児島県奄美大島の北方、悪石島沖海上でアメリカ海軍の潜水艦に攻撃され、沈没。疎開児童ら約一、五〇〇人以上が死亡する。
・八月二三日。全国。徴兵年齢を一年引き下げ、満一八歳以上を兵役に編入する。
・八月。全国。学童集団疎開が始まる。「学徒動員令」、「女子挺身隊勤労令」施行。
・九月。フィリピンの東方、パラオ諸島ペリリュー島で日本軍玉砕。日本軍約一〇、〇〇〇人戦死。アメリカ軍約五四、〇〇〇人のうち、戦死約二、五〇〇人。
・一〇月二五日。日本軍の神風特攻隊が、フィリピン中部のレイテ湾に初出撃。神風特別攻撃隊敷島隊の零戦五機、爆弾を抱えアメリカ空母に体当たりを敢行する。

・一〇月二五日。中国の基地から、アメリカ軍のB―二九爆撃機、約一〇〇機、北九州を空爆する。

・一〇月。フィリピン沖で、戦艦「武蔵」が沈没する。

・一〇月。十勝。兵器製造のため、一般家庭の金属、鉄、銅、真鍮、砲金などを回収する。

・一〇月。全道。採油のためのカボチャの種子、五、〇〇〇石（一石を一三〇キロとして、六五〇トン）を目標。

・一〇月。全道。松根油。「緊急対策措置要綱」に基づき、ガソリンの代用品として、松根油製造のため、松の根掘りを実施する。

・一〇月。フィリピンで戦いが始まる。翌年、八月まで。日本軍約五三〇、〇〇〇人。内、戦死者、戦病死約四三〇、〇〇〇人。アメリカ軍約一、二五〇、〇〇〇人、内、戦死、戦病死約一一〇、〇〇〇人。フィリピン一般住民の犠牲者約一、〇〇〇、〇〇〇人。

・一一月二四日。東京。マリアナ基地のアメリカ軍のB―二九、約七〇機、東京を初空襲。

・一一月。清水。明治製糖清水工場が、航空機用のブタノール生産工場に転換する。ブタノールはトウモロコシの澱粉を発酵させて製造し、航空機の燃料とした。

・一一月。全国。煙草が隣組配給制となり、男子一日、六本の配給となる。

・一二月。全国。言論統制が強化される。金属類回収、および、貴金属供出命令を出す。

昭和二〇（一九四五）年

・二月一九日。硫黄島。アメリカ軍が、硫黄島の南部から上陸する。
・二月。国鉄。広尾線の座席が、混雑暖和のため撤去される。
・三月六日。「国民勤労動員令」を公布。
・三月九日〜一〇日。東京大空襲。約二三〇、〇〇〇戸焼失。死傷者約一二〇、〇〇〇人。
・三月一四日。大坂。アメリカ軍機が無差別爆撃を行う。約一三〇、〇〇〇戸焼失。この頃より日本国内の空襲激化。
・三月一七日。硫黄島玉砕。日本軍の守備隊、約二三、〇〇〇人、内、戦死者約二二、〇〇〇人。内、北海道出身戦死者六八九人。アメリカ軍約一一〇、〇〇〇人。内、戦死者約七、〇〇〇人。
・三月一八日。全国。「決戦教育非常措置要綱」により、国民学校（小学校）以外、授業を停止、一年間の常時勤労動員を行う。
・三月。政府。「都市疎開者の就農に関する緊急措置要綱」を閣議決定する。本州主要都市へ空襲激化に伴い、増える一方の戦災者を北海道の開拓地へ送る集団帰農計画の実行に着手した。これを受けて道庁に「北海道集団帰農者受入本部」が設けられた。
・三月〜五月。東京大空襲。アメリカ軍の爆撃機、B—二九による無差別爆撃。六〇回以上。

死傷者一二〇、〇〇〇人以上。被災者約三、〇〇〇、〇〇〇人。被災家屋約七〇〇、〇〇〇戸。

・四月一日〜六月二三日。戦艦「大和」が撃沈される。
沖縄。アメリカ軍、沖縄本島に上陸。

沖縄戦。日本軍約一二〇、〇〇〇人以上。戦死者、民間人の死者を合わせて二〇〇、〇〇〇人。内、北海道出身者の戦死者一〇、〇八五人。内、十勝出身の戦死者九二二人。アメリカ、イギリス連合軍約二八〇、〇〇〇人。内、戦死者約二〇、〇〇〇人。

・四月五日。ソ連が、日ソ中立条約(不可侵条約)を破棄する。

・五月七日。ドイツが無条件降伏する。

・五月一七日。帯広。伏古(西帯広)の学校で、アルミ弁当箱の供出を行う。アルミ貨幣と引き換え四、一五〇枚になる。

・五月。陸別。針葉油製油釜の設置のため、海軍から三名配属される。陸別橋付近に二基設置する。生産業務は木炭業者が担当した。

・五月。全道。海軍航空隊員用の毛皮の供出運動が行われる。キツネ、テン、ウサギ、リス、イタチ、カワウソ、アザラシ、オットセイ、ラッコなど。犬や猫はほとんど姿を消す。

・六月一〇日。小樽沖の船舶が、アメリカ軍潜水艦の魚雷を受け沈没。以後、日本海にアメリカ軍の潜水艦が多く出没する。
・六月二五日。アメリカ軍のB－二九爆撃機が一機、初めて本道に侵入し、偵察。以後、連日のように侵入偵察する。
・六月。全道。「戦災者北海道開拓協会」が発足する。
・六月。全道。アメリカ軍のB－二九が初めて爆撃を開始する。
・七月六日。全道。戦災者の緊急開拓が始まる。
・七月一三日。更別。疎開帰農者、拓北農兵隊二〇戸が新更別地区、清和地区に入植する。
・七月一三日。帯広。川西村に疎開帰農者、拓北農兵隊第一陣が入植する。
・七月一三日。帯広、幕別、本別、音更にアメリカ軍による空襲。
・七月一四日～一五日。全道。アメリカ軍の艦載機グラマンが、延べ三〇〇機、道内各地を空襲。アメリカ軍が艦砲射撃を行う。
函館、室蘭、帯広、釧路、根室、網走などの軍事施設、港湾を爆撃する。死者八三五人、屋敷被害四、二七四戸。

青函連絡船一二隻の内、八隻沈没、四隻損傷して全滅する。
・七月一五日。更別。昼頃、上更別市街の上空にアメリカ軍の艦載機グラマン二機が飛来、機銃掃射を行う。被害なし。

・七月一五日。広尾。アメリカ軍の艦載機グラマン一四機、広尾市街を空襲。二三戸焼失。一人死亡。
・七月一五日。浦幌。厚内市街の駅構内に停車中の列車が機銃掃射を受けた。乗客二人、厚内監視所員、林鈴子さんの三名が犠牲となる。
・七月一五日。アメリカ軍の艦載機グラマンが空襲。本別で死者三五人。全焼、大破戸数三九二戸。音更で死者三人、負傷者七人。池田などを空襲。中士幌で午後三時頃、機銃掃射を受ける。
・七月一五日。全道。東京から疎開帰農者、拓北農兵隊が道内各地に入植する。
・七月。大樹。アメリカ軍の空襲で石坂、旭浜、大樹市街が被災する。死亡二人。亜麻会社が被災する。
・七月。忠類。アメリカ軍の艦載機、忠類に飛来する。
・七月。幕別。止若、札内市街がアメリカ軍の空襲を受ける。
・七月。池田。アメリカ軍の艦載機グラマンが池田市街を爆撃する。二人死亡。鉄道員四人が重軽傷を負う。
・七月。陸別。東京から疎開帰農者、拓北農兵隊が上作集地区、鹿山地区、石井沢地区に入植する。
・七月。全国。煙草の配給が一日、三本になる。

・八月六日。広島。アメリカ軍のB―二九が、広島に原子爆弾を投下する。死亡者約二〇〇、〇〇〇人。
・八月八日。ソ連。対日宣戦を布告。日本がポツダム宣言を受け入れず、連合国側から要請を受けたとして、宣戦を布告した。北満州、朝鮮、南樺太に侵攻開始。
・八月九日。長崎。アメリカ軍が長崎に原子爆弾投下。死亡者約一二、〇〇〇人。
・八月九日。ソ連軍。ザバイカル時間、午前零時、日本軍に対して戦闘を開始する。ソ連軍、満州国境から進撃、日本の関東軍が壊滅。旧満州、朝鮮半島北部、南樺太、千島列島、北方四島方面に進撃した。ソ連兵は、日本人に対して、略奪、暴行、婦女強姦など日常的に行った。旧満州、南樺太では、日本人の集団自殺などがあった。
・八月九日。南樺太でソ連軍との戦闘が始まる。
・八月一三日。南樺太（日本領）から疎開第一船が出発。八月二三日、ソ連軍が島外移動を禁止するまで、推定八七、六四〇人が脱出した。
・八月一四日。日本。太平洋戦争の無条件降伏文書、「ポツダム宣言」を受諾することを連合国側アメリカ、イギリス、中国などに通告する。
・八月一四日。清水。拓北農兵隊の第一陣が東京から二〇戸入植する。
・八月一四日。新得。東京からの拓北農兵隊、藤岡繁春さんら一〇戸が上佐幌、広内地区へ入植する。

・八月一四日。鹿追。東京からの拓北農兵隊を受け入れる。この中には、後に画家（鹿追町神田日勝記念美術館）として有名になった、神田日勝さんも含まれる。八歳の時、家族とともに、東京の練馬から、戦災者集団帰農計画の拓北農兵隊の一員としてやって来た。八月一四日に鹿追に着いたという。一時期、集会所で生活してから、笹川の開拓地に入植した。

・八月十五日。天皇陛下が、国民にボツタム宣言を受諾したことを、国民にラジオ（玉音放送）で知らせた。

・八月一六日。上士幌。拓北農兵隊、東京杉並団体三一戸が入植した。

・八月二二日。南樺太（ロシア名・サハリン）から引揚げ、疎開する人たちが乗った船、「小笠原丸」、「泰東丸」、「新興丸」の三隻が、留萌沖でソ連軍の潜水艦に攻撃された。この内、「小笠原丸」と「泰興丸」の二隻が沈没した。死亡者は約一、七〇〇人。

・八月二八日。ソ連軍、南樺太の日本軍の武装解除完了する。択捉島に上陸。九月に色丹島、国後島に上陸。

・八月。清水。御影村に拓北農兵隊が開拓地に入植する。

・八月。幕別。東京から拓北農兵隊が入植する。

・八月。士幌。東京から拓北農兵隊（戦後は拓北農民団と改称した）が入植する。

・九月一日。千島。ソ連軍が千島列島の北方四島、択捉島、国後島、色丹島、歯舞諸島を占拠完了する。

・九月二日。東京。アメリカ軍のミズリー号艦上で、太平洋戦争の無条件降伏文書に調印する。国際的には、この日を太平洋戦争が終結した日となっている。

・一〇月二一日。清水。拓北農民団、第二陣、東京から四戸入植する。

・一〇月三一日。清水。拓北農民団、第三陣が福島県から九戸入植した。第一陣から第三陣まで合計三三戸、一五八名が入植した。

・一〇月。本別。旧軍馬補充部の第一一野戦補充馬廠が解体され、職業補導所として発足する。外地からの引揚者、元将校などの農業指導を行う。

・一〇月。清水。御影村に、拓北農民団二八戸が入植した。

・一〇月。東京。連合国軍最高司令官総司令部（GHQ）が設置される。政治犯の釈放、思想警察、治安維持法などを廃止する。後に、財閥解体、農地改革を指令する。

・一〇月。帯広。連合国軍（GHQ）のアメリカ軍が帯広に進駐する。

・一一月。全国。「緊急開拓事業実施要領」を閣議決定する。戦災者、復員者、引揚者の受入準備をする。北海道では、戦後の開拓地、七〇〇、〇〇〇町歩。二〇〇、〇〇〇戸の入植を計画する。

・一一月。本別。旧軍馬補充部用地を開放する。

・一二月。全国。この年、戦災、凶作のため、極度の物資不足、食料難となる。

（『新北海道史年表』、『十勝開拓史 年表』などから要約引用）

徴兵検査・入隊

戦前は、満二〇歳なると、徴兵検査が義務づけられていた。身長一五〇チセン以上で身体の強健な者が甲種合格になると、くじ引きなどにより、各師団に招集された。

昭和の初め頃までは、入営が決まると、「祝入営〇〇〇〇君」と書かれた幟《のぼり》が、親戚や知人から贈られ、何本も入営者の家に立てられ、記念写真の撮影が行われた。甲種合格、入営は、名誉なことなので、こうしてお祝いされた。

昭和一二（一九三七）年七月七日。支那事変以降（中国の盧溝橋で日中両軍衝突、日中戦争始まる）、こうした幟を立ててお祝いするようなことは、軍の機密事項のためか、見られなくなった。招集されると静かに入営するようになっていった。

（『上札内開基八十周年記念誌』から要約引用）

昭和一八（一九四三）年六月。「学徒戦時動員体制確立要綱」が決定されると、文科系（農学部の学生も含む）の学生が出征するようになった。

一〇月二一日。雨の中、神宮外苑競技場で、第一回学徒出陣壮行会が行われ、多くの女学生が見送った。その後、各都市で学徒出陣の壮行会が行われるようになり、学生が出陣して行った。

一二月二四日。政府は、徴兵適齢を一九歳とした。翌年、一八歳に引き下げた。戦闘が激化し、兵員が減少。戦死者、負傷者が多くなったことによる。

日本軍の玉砕

太平洋戦争が始まった次の年、昭和一七（一九四二）年六月五日から七日にかけて、ハワイ諸島の北西に位置する環礁ミッドウエーで、アメリカ軍と海戦が行われた。この「ミッドウエー海戦」で、日本の空母四隻が撃沈し、多くの戦闘機も失った。多くの海軍軍人やパイロットが戦死した。

八月から翌年の二月に行われた、アメリカ軍との「ガダルカナル島の戦闘」で、日本軍の地上部隊三六、二〇〇人の内、一九、二〇〇人が戦死した。

昭和一八（一九四三）年五月二九日。アリューシャン列島のアッツ島で、アメリカ軍との戦闘で、日本軍守備隊二、六五〇人の内、二、六二二人が戦死、玉砕した。

昭和一九（一九四四）年三月から七月にかけて、ビルマとインドの国境、インパールとコヒマでイギリス軍との戦闘があった。日本軍九〇、〇〇〇人以上が戦闘に参加した。、山岳地帯を弾薬、食糧を人力で運び、戦闘を行った。この内、戦死、戦病死で六〇、〇〇〇人以上が犠牲になった。弾薬、食糧がなくなり、飢餓状態となって撤退した。撤退したジャングルの中は、病死、餓死者が累々と倒れ、後に白骨街道と呼ばれた。

六月から七月にかけて、サイパン島の日本軍守備隊が玉砕した。日本軍三一、〇〇〇人の内、三〇、〇〇〇人以上が戦死。民間人は約八、〇〇〇人から一〇、〇〇〇人の人々が亡くなったという。

九月。フィリピンの東方、パラオ諸島のペリリュー島で、日本軍が約一〇、〇〇〇人戦死し玉砕した。

一〇月。神風特別攻撃隊、敷島隊がレイテ湾に初出撃した。ゼロ戦五機が爆弾を抱えてアメリカ空母に体当たりを敢行した。フィリピン沖では、戦艦「武蔵」が沈没する。

フィリピンでは、翌年の八月まで戦闘が行われた。日本軍約五三〇、〇〇〇人の内、約四三〇、〇〇〇人が戦死、戦病死した。

昭和二〇（一九四五）年二月一九日。硫黄島にアメリカ軍が南部から攻撃してきた。三月一八日、日本軍の守備隊約二三、〇〇〇人の内、約二二、〇〇〇人が戦死。北海道出身の戦死者は六八九人。硫黄島で日本軍は玉砕した。

三月～六月。沖縄では、民間人を巻き込んだ激しい戦闘があった。海上には軍艦が埋め尽くし、艦砲射撃が行われた。それが終わると無数の上陸用舟艇でアメリカ兵が上陸した。日本軍の戦死者約一二〇、〇〇〇人、民間人の死者合わせて、二〇〇、〇〇〇人以上。十勝出身の戦死者は九二二人である。

玉砕の硫黄島から生還

私（編者）は、以前、硫黄島で戦い、生き残った元日本兵の農家の主人に話を聞く機会があった。海上は軍艦で埋まり、無数の上陸用舟艇が海岸に押し寄せ、アメリカ軍が上陸してきたという。海岸線には多くのトーチカが設置され、敵に発見されないように、草や木などで偽装されていた。

元日本兵の農家の主人は、トーチカの中から機関銃を撃ち、弾が尽きてしまった。どうしょうもなく、ひそんでいたところ、アメリカ軍の兵隊は、どんどん上陸して後方へと進撃して行った。

最も危険な最前線にいたことが幸運だった。それで見つからずに生き残ったという。生き残った元日本兵、農家の主人は、捕虜となり、終戦後、無事、家に帰ることができた。

ところが、家族は、硫黄島は玉砕したということで、戦死の知らせを受けていた。無事帰還した本人の葬儀が済んでいた。戒名もあった。無事帰還した本人はもとより、家族、親戚、近所の人たちも驚いたという。

ビルマ戦の生き残りとして

私（編者）は、帯広畜産大学在学中、田島重雄先生の農業改良普及論の講義を受けた。その授業中、田島先生の体調が、悪そうに見えたことがあった。その時、先生は、『以前、南方でマラリアに罹ったことがあるので』と、話されたことがあった。その後、日本から代表として、ユネスコのパリ本部に、アジア教育開発計画の初代部長として勤務された。

それから四五年後、九〇歳になられた田島先生は、『ビルマ戦の生き残りとして』（二〇一一年　連合出版）という著書を出版された。その図書を私も戴くことになった。

田島重雄先生の『ビルマ戦の生き残りとして』から、学徒出陣、敗残兵の悲惨な様子、先生自身が体験した下痢（アメーバ赤痢）の状況など、要約して紹介する。

学徒出陣

ガダルカナルの「生き残り将校」から凄まじい戦場の体験談や戦訓を聞いたりしているうちに、いよいよ自分たちも前線に向かう時期が迫っていることを感じた。

昭和一九（一九四四）年八月二三日。在校生（北海道大学農学部）の一部の南方派遣が検討されているという話しを聞いた。自分（田島先生）はどうかなと思っている内に、派遣者氏名の発表があった。

自分としては、札幌で蒙古の留学生と一緒に暮らし、内蒙古政府への就職を目指し、蒙古語も多少は勉強していた。任地として、内蒙古を強く希望していた。希望と異なる南方派遣となった。ともあれ、いよいよ戦場に向かう時期到来と、何となく胸の高まりを覚えた。

敗残兵の悲惨な様子

自分（田島先生）たちは、ビルマ（現、ミャンマー）のラングーン（正式名、ヤンゴン）から、ビルマ第三の都市モールメンまで歩いた。モールメンも爆撃され破壊されていたが、まだ大都市の名残があった。

街のたたずまいを眺めていると、列ともいえず、何となく群れて進んでくる一団を見た。それは、破れたシャツ、ズボン、靴を履いたり履かなかったり、足を引きずり、とぼとぼと進む人々であった。近寄って見ると、その顔は痩せ衰え、生気も全くなく、今にでも倒れそうな人たちだった。

初めは、それが避難民の行列のように見えた。ところが、なんと遥か北方の前線から転進してきた部隊の列だった。遠くはインパールか、あるいはラシオ、ミートキーナかとも思ったが、とても、列の中の兵士には、気の毒で直接聞くことができなかった。

聞くところによると、数一〇〇キロという距離を敵の追撃を避け、野を越え山を越えて脱出してきた部隊のようだった。到着すると、安心するためか亡くなる兵士も多く、遺体を焼くのが間に合わず、病院の外にまで溢れている状態だったという。

かねがね聞いていたビルマ作戦の悲惨さの一端を垣間見た感じだった。この時は、その後、自分にも、同じ運命が訪れるとは知らず、他人事のように眺めていた。

下痢の状況

ビルマ前線からタイに脱出する患者輸送の道を歩いた。平野地帯は間もなく終わり、次第にタイ西北の山岳地帯に入った。患者輸送の象に乗る参謀部隊に出会った。先行していた多くの患者輸送隊を追い越し、先頭に追いついた。

道が無く、沢登りをしている最中、下痢が始まった。ひっきりなしに便意があり、絶えず藪に入り、用を足さなければならなかった。そのため、どうしても、皆から遅れた。

下痢は、だんだんと激しくなり、水様便になり、絶えず肛門から流れ始めた。薬は無し、どうにもならない。私（田島先生）は、宿泊地に着くと、すぐ、汚れた褌《ふんどし》だけを川で洗い、横になった。戦友たちが用意してくれた少量のお粥を啜る毎日となった。

足に水膿ができはじめた。次に陰嚢も腫れ始め、歩くにつれて邪魔になるほどの大きさになり、ついに股ずれも起こった。足に浮腫ができるということの意味を知っていた。

後で聞いたことであるが、『田島見習士官も、いよいよ足に浮腫がきて、もうだめかもしれない。亡くなったら死体をどこで焼くか』などと内々に相談していたという。

ビルマでの戦死者は、約一六〇、〇〇〇人といわれている。

（『ビルマ戦の生き残りとして』から要約引用）

第二章
戦時中・戦後の物資不足と食糧難

生活必需品の統制

昭和一六（一九四一）年四月一日。「生活必需品物資統制令」が交付された。そのことにより、米、綿、縫い糸、砂糖など一二品目が配給制となった。

昭和一七（一九四二）年二月一日。味噌、醤油、塩が切符制となり、衣類は点数切符制となった。

昭和一八（一九四三）年九月。米麦の代用に馬鈴薯を配給した。精米一合（一五〇㌘）に対して馬鈴薯八〇〇㌘の配給であった。

昭和一九（一九四四）年一月。米穀配給量が改正された。児童一・七合（二五五㌘）、一一～六〇歳まで普通、二・三合（三四五㌘）、学生二・五合（三七五㌘）、妊婦二・六合（三九〇㌘）、重労働三・七合（五五五㌘）の配給となった。

一一月。煙草が隣組配給制となり、男子、一日、六本の配給となる。

昭和二〇（一九四五）年七月。煙草の配給が、一日、三本になった。煙草を吸わない人も、吸うように見せかけて配給を受け、煙草の欲しい人に闇取引を行った。

野草を食べよう

昭和一九（一九四四）年六月。防空壕が急増される。灯火管制下になり、各建物の白壁は黒く塗った。昭和四〇（一九六五）年代ぐらいまで、白壁を黒く塗った民家を見ることができた。

戦時の服装が統制される。女子はズボン、モンペ、男子はゲートル、戦闘帽、国民服を着用するようになる。

「野草を食べよう」の運動を開始する。フキノトウ、アイヌネギ、フキ、ウド、ワラビ、タランボ、ヨモギ、ニリンソウ、リュウリンカ、スギナなど。

七月一日。警戒管制の実施。減光、遮光の徹底。電球二燭光以下、街路灯の消灯など実施される。強制疎開が実施される。一億総武装、竹槍訓練が実施されるようになる。

八月。学童疎開が始まる。「学徒動員令」、「女子挺身隊勤労令」が施行された。女子挺身隊は、一二歳から二五歳の未婚女性。労働力不足の工場などで働くようになった。

八月一〇日。十勝で、軍需品の防寒のための毛皮資源として利用するため、犬、猫の調査を実施する。

一〇月。十勝で、兵器製造のために、一般家庭の金属、鉄、銅、真鍮、砲金などを回収した。

昭和二〇（一九四五）年二月。国鉄広尾線の座席が、混雑暖和のため撤去された。

三月一八日。「決戦教育非常措置要綱」により、国民学校（初等科六年、高等科二年）以外、授業を停止して、一年間の常時勤労動員を行う。

五月。海軍航空隊員用の毛皮の供出運動が行われた。キツネ、テン、ウサギ、リス、イタチ、カワウソ、アザラシ、オットセイ、ラッコなど。犬や猫はほとんど姿を消した。

五月一七日。伏古（西帯広）の学校で、アルミ弁当箱の供出を行った。アルミ貨幣と引き換え四、一五〇枚になった。

（『新北海道史年表』、『十勝開拓史 年表』から引用）

石油資源、ゴム長靴の不足、食料不足

昭和一八（一九四三）年以降。アメリカ軍の侵攻により南方海域の制海権、制空権を失い、日本は、インドシナ方面の生ゴム、石油資源の供給が困難になり、国内の需要が極度に苦しくなった。ゴム製品の配給も少なくなった。冬の長靴はほとんどなかった。自転車のタイヤ、チューブの配給も少なく貴重だった。

電灯のない地域は、ランプを使用していたが、石油不足でほとんど配給がないので、魚油を利用したり、ストーブの口を開けて明かりをとったりした。カーバイトを細々と焚いたり、ローソクの明かりで繕い物をした。

配給品の不足、市街地の非農家は、特に、食料不足に苦しんだ。モミ付き米を一升瓶に入れて棒で突いてモミを除き煮て食べた。澱粉粕の配給は、代用食となつた。

カボチャや馬鈴薯の団子は貴重な食料だった。釧路や函館から買い出しにやって来た。十勝の澱粉粕は代用食として運ばれた。戦力増強のため、供出の割当があったので、横流し、闇取引に警察の目が光った。

（『大樹町史』から要約引用）

軍需作物の割当と供出

昭和一四（一九三九）年一〇月。戦時農作物生産拡充計画によって、小麦、馬鈴薯、燕麦《えんばく》、亜麻、甜菜《てんさい》（ビート）、菜豆など、主要作物は、すべて、軍需物質、あるいは、時局作物として地区単位、

一戸当たり作付面積が割当制となり、生産目標が示された。馬鈴薯はアルコール用の原料、燕麦は軍馬の飼料として強制的に割当られた。

広尾の豊似地区で開拓生活を送っていた、坂本直行（随筆家、画家）さんは、「開墾の記」に、次のような記録を残している。

「作付け前の冬期間に、軍需作物や時局作物の割当の案配に対して、度々、集会が開かれた。私たちの経営方針と反対の作物の割当も出てきて、いろいろ問題になった。議論百出した。しかし、時局は議論の余地を許さぬ程に進展してゆくであろう。要点とするところは、各自が国策の線に添いつつ、いかなる方針で難局を乗り切ろうかということである」。

このように、割当に対して反対は許されなかった。これらについて、「鈴木幹弥日記（昭和一八年三月七日）」にも、次の記述がある。

「農会より、指導者の橋本、小林両氏、および、役場より佐藤正人、三人来訪。学校にて種々有益な座談会を開催（中略）。学校にて全員集まり種々有益な講演を聴く。要するに、本年度の作付け、および、堆肥増産など」。

農民全員を集めて、作物の割当はもちろん、肥料不足を補うための堆肥の増産などの指導が進められていたことがわかる。

（『忠類村史』から要約引用）

昭和四二（一九六七）年一月。私（編者）の学生時代、授業単位の一環として、農業改良普及所実習があった。その時、私は、地元の芽室農業改良普及所で実習をさせて戴いた。その頃、農家では農耕馬が数頭飼われ、馬糞から堆肥が作られていた。普及所実習の時、農業改良普及員さんの指導で、雪の中を歩き、畑の中に積み上げられた堆肥の縦て横を計り、体積を出す仕事の実習を行った。その頃も、堆肥の増産が勧められていた。堆肥は土地を肥やす効果があり、作物に栄養を与えた。

戦時体制下の農業

農地、作付けの統制、食糧、資材、労働力の統制と制約が厳しくなった。農耕馬は徴用され、軍馬の飼料として燕麦、ブタノール（航空機用の燃料。塗装用のシンナーの溶剤、有機化学の溶媒として用いられる）用のトウモロコシ、アルコール用の馬鈴薯、ロープ、服地、天幕用として亜麻の栽培など、多くの農産物が、軍需用として供出しなければならなかった。

（『本別町史』から要約引用）

農業生産の統制

昭和一四（一九三九）年。この頃から、食糧生産が低下し始め、食糧難が深刻化していった。

昭和一五（一九四〇）年頃から、米の供出制が実施され、これにより小作料の制限や生産者米価の優遇などで、地主の取り分は縮小した。

（『足寄百年史・上巻』から引用）

昭和一七（一九四二）年二月一日から、農業生産の統制が始まり、生産割合、農作業の統制、役畜、農機具の統制、離農が自由にできなくなった。

昭和一九（一九四四）年一月。この頃、十勝管内の農業生産計画、および、作物別生産割当など機密扱いとなった。

（『新北海道史年表』、『十勝開拓史 年表』から引用）

農村の労働力不足と援農隊

農村では、一家の大黒柱や重要な働き手の若者が、次から次へと出征したため、高齢者と女性、子供たちが残った。労働不足になり、食糧生産に支障を来すようになった。

昭和一八（一九四三）年になると、食糧増産を目的として、国民学校（現在の小学校）の高等科や全国の中学校（現在の高等学校）の生徒に対して、援農隊や食糧増産勤労奉仕隊と称して組織され、各農村に派遣されるようになった。

援農は、農村の労働力不足を補う役割もあったが、生徒たちの食糧不足を緩和する目的もあった。

後年、私の職場（開拓営農指導所）の所長、小林清三さんから、北海道庁立十勝農業学校（現・帯広農業高等学校）在学当時、上士幌方面に援農に行った時の思い出話しを聞かせて戴いたことがあった。

「主人は出征中で、農作業の主力の若奥さんと農作業を行った。物不足で、奥さんは、農作業にはく靴も十分でなく、裸足同然だった。奥さんは馬を使う作業ができなかった。援農に行った先輩は、馬での農作業ができたので、一生懸命働いたという。農家とはいえ、十分な食べ物もなく、物資不足の中で、若奥さんとお舅さんの仲がうまくいかず、可哀想だった」と、話してくれたことがあった。

終戦間近、私（編者）の父が二回目の招集中に、所属していた部隊が、沖縄に移動することになった。当時、沖縄に行くことは、死を覚悟しなければならなかった。父は、戦地から爪や毛髪を母に送った。母に、『実家に帰りなさい』という内容のハガキを送った。母は、亡くなるまで、薄くすり切れた、そのハガキを、日記帳にはさんであった。

その母も物資不足、十分な食べ物のない中で、農作業を行っていた。冬にはストーブで燃やす薪もなく、物置の板を剥がして燃やしたという。

終戦近くになると、父が所属する部隊を沖縄に輸送する船舶がなかった。そのため、父は命拾いした。

第三章

十勝各地域への援農状況

音更・援農は、延べ三、〇〇〇人

農村男子は、出征兵士として、徴兵されているので、留守家族は女性や老人、子供たちが残った。各地域では、農事実行組合が中心となって、援農隊を組織、農家同士、集落あげて助け合った。

昭和一九（一九四四）年六月。長野県から学徒援農隊が武儀地区、中士幌地区方面にやって来た。援農期間は一ヶ月ほどで、泰源寺などに宿泊した。

都道府県から、旧制中学生、女学生が援農奉仕隊としてやって来た。援農にやって来た旧制中学生（現、高校生）、女学生は、七月下旬から八月上旬の亜麻の抜き取り作業に活躍した。

援農は、三年間で三八回、述べ三、〇〇〇人が各農家に入った。一五歳から一七歳の生徒が、プラウを使用して馬耕作業、牛の搾乳、亜麻の抜き取り作業に従事した。（『音更百年史』要約引用）

士幌・十勝農学校（現、帯広農業高等学校）の援農

十勝農業学校の生徒が、援農隊として来村した。

（『士幌のあゆみ』から引用）

新得・福島県立東白川農蚕学校から援農

昭和一八（一九四三）年六月二三日から一ヶ月間、福島県棚倉町の県立東白川農蚕学校（現・白川農商校）の生徒、三五人をはじめ、多くの学徒が動員され、町内の農家で援農に汗を流した。

（『新得町百二十年史・下巻』から要約引用）

清水・地元の清水高等女学校の援農

昭和一九（一九四四）年五月。下佐幌地区、北熊牛地区に、長野県須坂市の上高井農学校二年生が三ヶ月間、援農にやって来た。

毎日の農作業は厳しかったが、受入側の農家も乏しい食料をやりくりして、生徒たちの努力に精一杯報いた。

それから五〇年後の平成七年九月、六七歳になった当時の援農学生一一人が清水町を訪れた。受入れ農家の中には、すでに離農した農家もあったが、農業を続けている農家を訪れ、感慨の再会をした。

清水町には、本州から上高井農学校のほか、記録に残されていないが会津農林、柏木農林、弘前農林。道内からは、函館商業、函館中学、第一師範学校などの生徒らが援農に来たという。

清水高等女学校の生徒も動員された。一年生は町内の野草の乾燥工場へ、二年生は新得の亜麻工場へ動員された。

清水高等女学校の教師であった清水昇道さんの思い出を紹介する。

徒歩で援農

「生徒は、毎日、六、七戸の農家へ分散して援農に出動しましたので、三名の専任教師では、付き添って指導することができませんでした。

当時は、自転車を持っている人が少なく、往復、八キロもある農家へ、毎日、徒歩で援農に出かけました。

現在の竹岸ハム工場（現、プリマハム）は、当時、南瓜（かぼちゃ）やフキを乾燥して、食料を生産する工場でした。女学生を引率して何日もお手伝いに行きました。鉄板葺きの滑りやすい高い屋根に上がって、茹でたフキや切り干しにする南瓜を屋根一面に広げる仕事でした。今、考えますと、よくもあのような高い屋根に上がって、仕事ができたものだと、感心させられます（昭和三九年・清水高校創立三十年記念誌）」。

（『清水町百年史』から要約引用）

清水・国民学校高学年の援農

昭和二〇（一九四五）年。「決戦教育措置要綱」により、国民学校初等科を除き、学校における授業は、昭和二〇（一九四五）年四月一日から昭和二一（一九四六）年三月三一日まで、原則として停止した。

このため、国民学校高等科以上の生徒は、食糧増産、軍需生産、防空防衛、重要研究など、戦時に適切な勤労奉仕に動員された。

御影村の旭国民学校では、昭和二〇（一九四五）年四月三〇日から、初等科四年生以上の勤労動員が始まった。

排水溝掘り

美蔓国民学校初等科五年生以上の児童四八名が、食糧増産のための土地改良、大人でも大変な土管を入れ、排水を行う、暗渠用の排水溝掘りを五日間で、一・八キロ掘った。

国民学校の児童、生徒は、資源不足を補うための供出、野山に自生している野草の採取に大きな役割を果たした。

野山に自生している赤クローバ種子の採集は、夏休みの大切な宿題だった。イタドリの葉、ワラビ、フキ、ゼンマイ、コゴミ、イラクサ、ドングリ、山ブドウの茎、葉などを採取した。イタドリの葉はタバコの代用。ワラビ、フキは干して軍隊の食料。山ブドウは酒石酸（酸味料として食品の添加物）の原料。イラクサは干して服地の原料や炭俵を作った。

イタヤカエデのシロップ

イタヤカエデから樹液を採取し、煮詰めてシロップにして出荷、ブドウ糖の原料になった。子供たちは、自宅近くの樹林に入り、イタヤカエデの木を探し、幹に傷を付けた。流れ出る樹液は、縛り付けてあったビンで採取した。

これを煮詰めて出荷するのは、大人の仕事だった。ちなみに、昭和二〇（一九四五）年、御影村の濃縮樹液の採取割当は、一斗（一八㍑）だった。

薬草、スズランの根

下人舞国民学校では、学校の右手の山に、スズランが群生していた。薬草として利用するため、スズランの根を掘って集めた。洗って乾燥させて出荷した。

スズランのほか、タンポポの葉、茎、トウモロコシの毛、ゲンノショウコ、ヤナギの葉、トクサ、オオバコなど、薬草として供出を求められた。

勤労動員の記録

昭和二〇（一九四五）年。美蔓国民学校の勤労動員と資源採集の記録を紹介する。

- 四月一日から五日。イタヤカエデの樹液採集。
- 五月。農業実習地、三反歩、耕作。アルコール原料用干し馬鈴薯供出。
- 六月。実習地にソバを播種。フキ採集。カボチャの植え付け。
- 七月。フキ採集、干しイモの俵詰、除草作業、防空壕掘り。
- 八月。援農に出動。

採集された物は荷造りされ、河西鉄道に積み込まれた。六月二九日には、下美蔓駅からフキ

一、一六〇キロ。七月五日には、中美蔓駅から一、一一一キロが出荷されたという。

（『清水町百年史』から要約引用）

更別・帯広中学、十勝農学校、函館商業などから援農

昭和一九（一九四四）年四月。更別に、学童疎開、学徒援農などの奉仕隊が、各農家に配属された。帯広中学（現、柏葉高校）、十勝農学校、函館商業などの学校の外、本州各県の中学生（現、高校生）が配属された。

（『更別村史・続編』から引用）

大樹・イタドリの葉の採集、干しワラビ出荷

福島県、岩手県から勤労学徒や道内の旧中学生（現・高校生）が援農にやって来た。市街地からも婦人会や報告隊の人たちが出動して、畑の草取り、豆刈り、馬鈴薯拾い、燕麦刈りなど、慣れない仕事を行った。

国民学校初等科高学年や高等科の生徒の教室内の授業が少なくなった。ゲートルを巻いた国防服姿の先生に引率され、高学年の児童も出征した農家に援農に行った。

援農のほかに、タバコの代用のイタドリの葉の採集やクローバの種子、カラマツの種子、カボチャの種子集めなどを行った。

昭和一九（一九四四）年七月二九日。大樹村の大樹、石坂、忠類、尾田、坂下の国民学校の

児童全体が集めて乾燥させた干しワラビを約四三六キログラム出荷した。一二月一四日には、大樹村の忠類、大樹、坂下の国民学校の児童全体で、タバコの代用品のイタドリの葉を二九、一六四キログラム出荷した。

(『大樹町史』から要約引用)

広尾・福島県立福島農業学校から援農

昭和一九(一九四四)年八月。福島県立福島農業学校の二年生が、二ヶ月の長期間、広尾村に援農にやって来た。引率教員は松本仁さん。生徒は一人、あるいは二人ずつ、豊似地区を中心に、三〇戸余りの農家に分かれて入った。

広尾・援農生徒、三六年ぶりに再会

それから三六年後の昭和五五年九月、当時の引率教員と共に、二三人が広尾町を訪問、当時の関係者と懐かしい再会を果たした。当時、三〇戸余りあった受入農家は、八戸になっていた。一五、六歳の少年は、五一、二歳の初老になり、亡くなった人も五人いるという。

当時、豊似国民学校で四年間教員を勤めていた、田口キヨ(旧姓浅井、明治三〇年生まれ)さんは、その時、引率教師だった松本仁さんを自宅に宿泊させていた。三六年ぶりの再会を、次のように思い出を話した(昭和五六年一二月一日　聞き取り)。

ひと目で分かりました

「あの頃は、ほんの子供だった一五、六歳の少年が、白髪交じりになったり、ハゲあがったり、ずいぶん変わっていました。松本先生も生徒たちも、ひと目で分かりました。当時の農業会（昭和二二年解散、現・農協）から、豊似の駅に勤めていた私の主人に、援農隊の先生を引き受けて欲しいと頼まれました。昭和一九（一九四四）年の八月末だったと思います。宿泊して戴くのは良いとしても、何しろ食料難の頃なので、思案しましたが、結局、引き受けることにしました。

福島では、皆、一流の農家の子供

松本先生が、受入農家に最初に話したことは、『この生徒たちは、どこかの百姓の子供と思うかもしれませんが、福島では、皆、一流の農家の子供たちですから、大切にしてください』ということでした。

生徒たちは、中豊似地区の佐藤大次郎さん、紋別地区の大谷保さん、川津宝さん、川津文次郎さん。中紋別地区の今井藤吉さん、清信英夫さん。豊成地区の鈴木寅三さん、横田要吉さん。越中紋別地区の大森吉作さん、野田義雄さん。暁地区の高橋伊太郎さん方に分宿しました。この他にも、まだいたようですが、農家の方は不案内で分かりません。

松本先生は、朝、六時には、ノーパンクタイヤ（空気漏れやパンクの心配がない）の重い自転車をゴトゴトこいで、生徒のいる農家を一軒一軒まわり、暗くなって帰って来るのが、日課でした。

配給時代でも、米が八分、麦二分のご飯を食べていた米どころの福島から来た生徒たちは、イナキビ、ムギ、イモ、カボチャの主食に、皆、いっぺんに腹をこわし、仕事が済んでから薬をもらいに来るのです。

満足に薬も手に入らない時代です。広尾市街まで出かけて、知り合いから薬を集めるのが大変でした。

早く福島に帰りたい

松本先生を外に呼んで、早く福島に帰りたいと泣いている生徒もいました。先生に励まされ、暗い夜道を遠くの農家に、トボトボと戻る生徒たち、それは可哀想でした。

松本先生が来てから、私も米の買い出しをしました。一番列車で帯広近くの水田農家に行き、稲刈りを手伝い、一升、二升ともらい、帯のように腹に巻いて運びました。ヤミ米取締がうるさく、巡査がいつも身体検査をして、見つかると没収される苦しい時代でした。五升ぐらい手に入ると、駅員だった主人に手配してもらい、郵便車にこっそりと乗せて貰うこともありました。生まれて初めての稲刈りで膝を切り、今もその傷が残っています。

二ヶ月間の援農が終わって帰郷する時の生徒たちは、カボチャばかり食べていたので、手も顔も黄色くなっていました。澱粉や昆布など少しずつ広尾のお土産にして、生徒たちを送ってから三六年ぶり、『オバチャン、あのカボチャを食べてみたいな』という白髪頭は、少年の頃のように泣き笑いでした。あんな子供たちまで親元から引き離し、苦労させたのも、戦争があったからです」。

広尾・援農中、押切で人差し指を切断

当時の『十勝毎日新聞』の記事から紹介。

「イナキビやムギが主食で、カボチャ、イモなどで、ひもじさを耐えた。カボチャばかり食べていたので、身体が黄色くなった。それでも、到着した時は、歓迎の意味もあってか、白米の特別配給があったという。ご馳走と云えば、二日に一度出る塩蔵ニシンだった。内風呂がないので、ノミ、シラミに悩まされた。

朝は、星をいただいて、まず、馬の手入れ、夜が開けると畑に出た。国のためという誇りもあり、作業は苦にならなかったが、疲れがひどく、ランプ生活では、勉強することもなかった。

（中略）。

作業中、押切で右人差し指を切断した松本満衛（五一歳）さんは、『私は、野村忠義君（八年前に死亡）と二人で、大谷保さんのところに入った。指を切ったときは、先生に大変叱られました。野村君も、一度、北海道へ来たがっていたので、写真を持ってきました』と、今は亡き

友を偲んでいた」。

広尾・松の根から採取した油が漁船の燃料

昭和一八（一九四三）年九月二五日頃の「後藤宗一日記」に、「イタドリの葉の出荷が盛んになる。一貫目（三・七五キロ㌘）、五円五〇銭」とある。

イタドリの葉は、タバコの原料、すなわち、本物のタバコの葉が不足になったので、代用として、イタドリの葉を混ぜた。

現在、五五、六歳以上（昭和五六年頃）でタバコを吸う人は、当時のイタドリ臭いタバコの匂いを、まだ、記憶していることと思う。これは、終戦後もしばらく続いた。配給が極度に制限されたタバコの味がイタドリだった。

また、軍馬の飼料として、家庭から茶ガラも集められた。牧草の種子としてクローバやチモシーの種、油を取るためカボチャの種も集められた。国民学校の児童も松根油の採取に動員された。昭和一九（一九四四）年になると、重油の代用として、松根油が漁船に使用されるようになった。

（『新広尾町史・第三巻』から要約引用）

本別・児童、生徒の援農

太平洋戦争が熾烈になるにしたがい、膨大な兵員の動員と、軍需生産、食料増産、確保のため、労働力は、必然的に増大した。

各市町村に労働力が求められた。労働力不足の農村には、食糧増産確保のため、学校の児童、生徒が援農を行い、農作業を手伝った。

勤労報国隊要員として徴用された人たちは、長期間の労働協力として、鉱山、飛行場の整備などで働き、短期間では、土地改良の暗渠排水工事など行った。（『本別町史』から要約引用）

足寄・新潟県、奈良県、山形県、長野県、大阪府、千葉県などから援農

昭和一八（一九四三）年七月。新潟県から高津周市隊長以下六〇人、足寄村に最初の援農隊がやって来た。八月、北見の勤労奉仕隊四六人、山形県からの援農部隊到着まで、足寄村で奉仕。奈良県から二人、足寄村で奉仕。山形県から四〇人、足寄村で援農。九月、長野県から四〇人、足寄村で援農。一〇月、大阪府から三〇人、足寄村で援農。十勝農学校から三〇人、西足寄村で援農。

昭和一九（一九四四）年五月。沼津農学校（静岡県）から四一人、足寄村で援農。八月、千葉県から、足寄村で援農。

足寄・千葉県から援農隊の思い出

昭和一九（一九四四）年八月。千葉県から援農隊として足寄村に入った、中村寿雄さんの思い出話しを要約して紹介する。

立ち鎌、短い鎌

「燕麦刈り、砂糖大根（甜菜、ビート）の草取り作業を立ち鎌で行った。ビートの掘り起こし作業は、二本の曲がった爪のある立ち鎌利用。大豆の刈取り作業は、短い鎌で刈り取り、立てかけて乾燥させる。大豆、燕麦の脱穀は、乾燥した大豆や燕麦を馬ソリで集めて行った。

馬鈴薯掘り作業も、馬が主役で芋掘り機を馬が引いて、二畦分、掘るようになっていて、地表にイモが転がり出る仕組みになっている。私たちは、それを拾い集めることが主な作業であった。いずれにしても馬が主役になっているということを実感した。

畑の畦が長いので、大豆の刈取り作業などは、腰を曲げて行うので、大変な苦痛をともなった。（中略）。

主食はイナキビ

三ヶ月間の主食は、イナキビというモチ系のキビだった。ウルチのお米は、一日、一五日、または、祭日だけ戴いた。

風呂は、五右衛門風呂で、囲いはムシロで囲ってあって、極めて簡単であるが、庭先の広い場所で、風呂に入るのも、また、風流だった」。

（『足寄百年史・上巻』から引用）

陸別・佐賀県、兵庫県から援農

昭和一八（一九四三）年九月には、上陸別方面の農家に佐賀県、兵庫県農学校生徒が、食糧増産勤労奉仕隊として、援農のためやって来た。

薫別、岡山地区に、小樽高等商学校（現・小樽商科大学）学生が、援農隊として働いた。

（『陸別町史・通史編』から要約引用）

帯広・授業の再開は、秋の収穫の後

昭和二〇（一九四五）年八月一五日終戦。勤労動員の多くの学徒が、それぞれ帰校した。未曾有《みぞう》（今までに一度もなかったこと）の食糧難対策として、援農関係は、引き続きそのまま各農家に残った。特に、帯広中学校（現・柏葉高校）では、授業が再開されたのは、秋の収穫が終わった一一月二日であった。

（『帯広市史』から要約引用）

第四章
東京大空襲と十勝各市町村の空襲

東京大空襲・死傷者一二万人

昭和二〇（一九四五）年三月九日から一〇日。アメリカ軍のB―二九が東京を空襲。二三万戸焼失。死傷者一二万人。

三月一四日。大阪を空襲。一三万戸焼失。この頃から国内の空襲激化。

三月～五月。東京大空襲。アメリカ軍の爆撃機B―二九による無差別爆撃。六〇回以上。死傷者一二万人以上。被災者約三〇〇万人。被災家屋約七〇万戸。

（『新北海道史年表』、『十勝開拓史 年表』から引用）

北海道の空襲・死亡者二、九〇〇人以上

昭和二〇（一九四五）年七月一四日。襟裳岬南方沖に展開したアメリカ海軍機動隊は、空母七隻、小型空母六隻から、延べ、八六八機の艦載機を発進させ、北海道のほぼ全域と東北地方の北部に空襲を行った。

（『音更百年史』から要約引用）

七月一四日（土）。函館、室蘭、帯広、釧路、網走などが爆撃された。

七月一五日（日）。函館、小樽、旭川、室蘭、帯広、本別、釧路、網走などが爆撃された。根室、釧路、幌別（登別）は、艦砲射撃を受けた。

（『足寄町史』から要約引用）

アメリカ軍の艦載機による爆弾の投下や機銃掃射などが、七九市町村を対象に行われた。道内全体の死者数は二、九〇〇人以上とされている。沖合から艦砲射撃も受けた、室蘭で五二五

人が死亡。根室で三九五人が犠牲になった。釧路、北斗でもそれぞれ人命が失われた。青函連絡船が攻撃され四〇〇人以上が亡くなった。

（平成四年七月四日、一三日付け『北海道新聞』から要約引用）

十勝の空襲・死亡者五六名

十勝では、昭和二〇（一九四五）年七月一四日（土）、一五日（日）の二日間にわたって、アメリカ軍の艦載機グラマンによって、爆撃や機銃掃射が行われた。その被害状況が各市町村史に記録されているので、要約して紹介する。

音更・各所に被害、三名死亡

昭和二〇（一九四五）年七月一四日。飛来した艦載機グラマン二機が、音更の帯広北第二飛行場を標的として空襲した。第一大隊と第三大隊の兵舎、食糧倉庫、炊事場の一部が炎上、焼失、兵一名が軽傷を負った。

七月一五日。アメリカ軍機三機が飛来。木野変電所が攻撃され停電となる。街の東北にある音更橋を二機が攻撃して破壊する。音更農業会の集積倉庫が直撃弾をあびて倒壊。帝国繊維音更亜麻工場で火災が発生、野積みの亜麻に燃え移った。翌々日まで燃え続いた。

本通り三丁目では、藤田菓子店など六戸が焼失、そこから七丁目にかけて一六戸が全壊、一二戸が半壊の被害を受けた。警防団詰所、西然寺が銃撃される。

駒場の十勝種馬所に、七ヵ所爆弾が投下される。第二事務所、厩舎が被害、牛馬が一頭ずつ死亡。名馬の誉れ高かったラプレー号が被弾、重傷を負った。十勝川温泉、下士幌桜田の熊部隊分駐の三角兵舎が被害を受ける。

イナキビ畑で草取りをしていた親子二人が銃弾を受け、一人が死亡。防空壕に逃げ遅れた男女二名が麦畑で直撃弾を受けて死亡。

(『音更百年史』から要約引用)

士幌・女性の太股に命中

中士幌市街に、艦載機グラマン三機が姿を現した。機銃掃射を行い、一人の女性の太股に命中した。村で唯一人の負傷者となり、命には問題なかった。被弾した家は一〇数戸だったが、大事には至らなかった。

(『足寄町史』、『続　士幌のあゆみ』から要約引用)

新得・馬市の日に敵機襲来、被害なし

昭和二〇(一九四五)年七月一五日。五日間にわたって行われる新得での定期馬市の初日、アメリカ軍の戦闘機が飛来した。当時、新得の馬市は、七月と九月の二回行われていた。国鉄の貨車の便が良いため、町内を始め、道内外から多くの家畜商や仲買人が集まった。襲来したアメリカ軍の戦闘機は、馬市に参加した人たちによって目撃されている。

当時、新得町役場に勤務していた広瀬隆之さんは、次のように回想している。

「空襲のあった日は、新得の馬市の日で、敵機が見えたので、役場の中で一番若いということで、自転車に乗って急いで馬市市場から役場に引き返し、すぐに、役場庁舎の見張り台に上がった。空襲警報は役場が鳴らしていた。

敵機は、いったん日高山脈の鞍部を越えて、南富良野の串内方面へ行ったが、引き返して狩勝峠の方へ向かい、そのまま南富良野方面に行った。飛行機は、F4Uというアメリカ軍機だった。

急いで、戸籍簿や軍事関係などの重要書類を防空壕に運んだ。女子職員は、緊張と怖さのため泣いていた」。

(『新得町百二十年史・下巻』から要約引用)

大樹・疎開者二人死亡

昭和二〇(一九四五)年七月一五日。午後二時五〇分頃、艦載機グラマン四機が現れて、亜麻会社方面へ機銃掃射を行い飛び去った。旭浜にも機銃掃射を行った。石坂、大樹市街地が被災。藤村金七料理店が小火災、えびす屋旅館が火災。

亜麻会社の工場機関部に命中して、火災が発生した。釧路から疎開に来ていた二人が死亡。石坂地区のサイロや旭浜の一円長三宅に銃弾が命中した。旭浜の熊部隊二〇七部隊の軍馬が倒れた。

(『大樹町史』、『足寄町史』から要約引用)

広尾・焼失戸数二三戸、死者一人

昭和二〇（一九四五）年七月一四日。アメリカ軍の艦載機グラマン四機が、広尾市街を機銃掃射と爆弾で攻撃した。焼失戸数二三戸、半焼五戸。

広尾国民学校の校舎西側に爆弾二発、貫通したが不発弾。機銃弾痕無数。死亡者（初等科、九歳）一人、負傷者（九歳）三人。

（『新広尾町史・第三巻』、『足寄町史』から要約引用）

幕別・二日間空襲、機関車運転不能、負傷二人

昭和一五（一九四〇）年から、本格的に防空訓練が始まった。

昭和二〇（一九四五）年六月二七日。十勝で初めて防空警報が鳴り響いたが、敵機はやってこなかった。七月一四日、午前四時五七分、警戒警報。五時三〇分、空襲警報発令。八時三〇分頃、アメリカ軍の艦載機、グラマン六機が、新田ベニヤ工場に爆弾一五発を投下。一発も命中せず貯木場に落下、爆弾は丸太材を飛散させた。

七月一五日。本別市街に約一時間にわたって空襲があり、その爆発音は幕別にまで、雷のように不気味に響いた。

札内駅付近を機銃掃射する。停車避難中の列車を攻撃、機関車を運転不能にした。さらに、札内市街を機銃掃射した。このため、民家一戸が焼失、二ヵ所から小火が発生したが、損害は軽微だった。

この二日間の空襲で、一四日に二人が軽傷を負った。一人は六一歳の男性が、新田ベニヤ工場の社宅付近で、爆弾の破片を腰部に受けた。もう一人、二八歳の男性は、止若市街で防空壕に入ろうとしたとき、付近に落下した爆弾の破片が大腿部にあたった。家屋、家財の損害は一戸だった。

（『幕別町百年史』、『足寄町史』から要約引用）

池田・死亡四名

昭和二〇（一九四五）年七月一四日。早朝、警戒警報の予報もなく、いきなり、空襲警報が発令された。この朝、アメリカ艦載機グラマンは、音更の九一部隊（高射砲第二四連隊）を銃撃し、帯広駅に機銃をあびせ、やがて、午前六時一〇分頃、池田駅の機関区の裏からやって来た。爆弾の一発が、北見区八六三四号機関車の缶胴に命中した。機関車は横転、乗務員二人が重傷を負って、中島病院に運ばれた。病院では、すでに、手のほどこしようもなく、二名の乗務員は殉職した。また、機銃掃射で、付近の防空壕に待機中の兄弟が即死した。

（『池田町史・上巻』から要約引用）

豊頃・二日間空襲、二人死亡

昭和二〇（一九四五）年七月一四日。豊頃駅前の丸通倉庫が直撃され、石油タンクに引火して火災が発生した。東京から百数十人の疎開者を各家が分担して受け入れた日だった。

その翌日の一五日の二日間にわたって艦載機グラマンの空襲を受けた。

この空襲の直撃弾で二人が死亡、五人が負傷した。

（『足寄町史』から要約引用）

本別・市街地中心部は焼け野原、死亡者三五人

昭和二〇（一九四五）年七月一五日。午前八時前後。アメリカ軍の艦載機四〇数機が編隊となって、浦幌坂方面から本別市街上空に侵入。約五〇分間、爆撃を行った。死亡者三五人、重軽傷者一四人、焼失家屋二七九戸の大被害を受けた。

（『音更百年史』から要約引用）


空襲の翌日、一六日の調査によると、死亡者、男一四人、女二一人、合計三五人。重傷者、男三人、女三人、合計六人。軽傷者、男六人、女二人、合計八人。

市街地戸数八〇〇戸のうち、全焼戸数二七九戸。大破および倒壊戸数一一三戸。被災者一、九一五人。火災は三日三晩続き、中心部は焼け野原となった。

（『本別町史』、『帯広市史』、『足寄町史』から要約引用）

足寄・機銃掃射、被害なし

本別の爆撃が終わると、グラマン二機が足寄に向かってきた。一機は足寄市街に飛来した。グラマン機はカゼイン工場（後の雪印工場）に向かって、機銃掃射を行った。カゼイン工場の

煙突になどに数発の弾痕を残しただけで、人畜に被害がなかった。
もう一機は、軍馬補充部支部（第九五九五部隊）の方向に飛行した。

（『音更百年史』から要約引用）

小樽高等商学校の援農回想文、空襲部分について抜粋
陸別・中田秀郎さんの回想文

「足寄郡陸別村は、最後の援農の地となる。夜は電気がないので、石油ランプで本を読んだり語り合ったりした。小笠原にすすめられて、厨川白村の『近代文学十講』を読んだのもこの頃である。それにしても、日中、相当の重労働をやり、夜はランプの薄暗い光で、本を読んだという視力と体力は、一九歳という若さのせいだったのだろう。

終戦近くになった頃、制空権のなくなった北海道の山奥にも、艦載機グラマンの爆撃があった。本別にあった甜菜糖の工場を爆撃したあと、山の中腹に、放牧されている乳牛の群れに向かって、グラマンが、機銃掃射を浴びせて引き揚げたが、日本の飛行機一機、対空射撃一発も報いることができなかった。

そして、暑い日の終戦。陸別の農会のラジオから聞こえる玉音放送は、ほとんど聞き取れなかった。集落へ帰る途中で聞いた、和田信賢さんの再放送や阿南陸相の自刃の報道により、祖国、日本の敗戦を知った」。

陸別・小笠原基生さんの回想文

「私は、陸別と大誉地の中間、薫別という集落に、村沢、茂泉、楠、中田、西田、山下、小笠原の七人でいた。

ある日、この山奥に、アメリカの艦載機が襲ってきた。我々のいた神社の丘すれすれに超低空、ほとんど目の高さで、グラマンが通り過ぎるとき、パイロットの赤ら顔がはっきりと見えた。その編隊は、牛に銃撃を加え、面白半分という調子で飛び去った。小泉で散々追っかけ回されたグラマンが、こんなところまで来たかと思うと、さすがに愕然とした。彼らはいつでも、面白半分に我々を牛のように殺せるのだった。そして、間もなく終戦だった」。

陸別・奥村俊幸さんの回想文

「曇りで機影は見えませんでしたが、何回となく低空で爆音が通り過ぎて行きました。日本の飛行機が退避して行くのだと判断できて、日本の敗北も時間の問題だと思いました」。

陸別・高橋弘章家の長男、安久さんの殉職

昭和二〇（一九四五）年七月一四日。安久さんは、国鉄北見機関区に勤務し、機関士見習いとして網走線に乗車していた。池田駅の空襲で、二一歳の命を絶った。このときの記録から、殉職時の様子を紹介する。

爆弾でやられた

「七月一四日。私は、小利別の事業所にいた。その日は朝早く、午前五時から金属音の強い飛行機が、北方から来て、南の方へ飛んでいった。多分、美幌の海軍航空隊の飛行機だろうと思っていた。

ところが、午前九時頃、佐藤さんが、息を切らせてやって来て、『高橋さん、大変だ。気の毒だが、あんたの息子さんが機関車を運転中、池田で爆弾でやられた、という知らせがあった』と云う。

その頃、私の家は、昭和一九（一九四四）年四月に、次男が本別の中学校（現・高校）に入ったので、汽車で学校に通わせる都合上、陸別の貯木場官舎を貰うことにして、昭和一九（一九四四）年五月から、家族は陸別に住んでいた。

その知らせを聞いて、とりあえず陸別まで行けば、詳しい情報が聞けると思い、小利別の駅長の『少し待って、汽車に乗っていけ』という言葉もうわの空で、そのまま、線路伝いに、陸別に向かって歩き出した。

小利別と陸別の間には、もう一つの駅、川上駅がある。四里（一六キロ）を歩くには、一時間に二里（八キロ）以上のスピードで歩かなければならなかった。ほとんど、小走りのようにして歩いたが、陸別駅の少し手前で列車に追い越された。

これは、しまったと思って走って追いかけたら、列車は陸別駅に停まって、私が追いつくのを待ってくれた。陸別駅には、貯木場官舎で隣組になっていた橋谷田、今泉、戸村、片山などの人たちが集まって、一緒に池田まで行ってくれるという。私の家からは、三女が同行した。池田駅に着くと、半分傾いた機関車が見えた。その前方の釜の部分が、花が咲いたように破壊され、爆弾のすごさが分かるようだった。

長男は、すでに死んでいた

遺体は、帰りの列車に乗せるばかりにしてあった。現場にいた池田駅の駅員の話によると、四機の飛行機が東側の山の頂から、急に低飛行で現れ、一度、機関車の上を通り過ぎてから、反転して、次から次へと爆弾を投下した、という話だった。後からの詳しい情報によると、爆弾を落としたのではなく、機銃掃射をしたらしい。

この空襲で、一緒に乗っていた機関士の田中という人も亡くなった。機関助士の島崎という人は助かったが、顔にひどい火傷をうけた。空襲の後、息子は、鉄道診療所に収容された。診療所の看護婦さんの話によると、苦しみながら、被服は、鉄道に返さなければならないので、きちんとしておいて欲しい、と云ったそうだ。

その翌日、一五日は、再び、空襲を受けた。今度は、次男の行っている中学校があった本別の街が、焼夷弾の雨にさらされた。次男は、前日に兄が亡くなったので、その日、登校していなかった。本別では中学校も一部倒壊し、先生が一人死亡、一人負傷したそうだった。本別では、四〇人あまりの死者が出たということだった」。

（『陸別町史・通史編』から要約引用）

浦幌・蒸気機関車と列車が狙われる、三名死亡

昭和二〇（一九四五）年七月一五日。襟裳岬に停泊中のアメリカ軍空母ベニントンから飛び立った、八機の編隊による「索敵飛行中」による空襲を受けた。

午前五時三〇分から六時頃まで、厚内で空襲があった。厚内駅構内に停車中の二両の蒸気機関車と列車が狙われた。三人が犠牲になった。


当時の様子を浦幌町遺族会会長の野々村寿さんの証言を紹介する。

「厚内の空襲は、二機ずつ四機が別の方向から来て、機銃掃射を行った。機銃掃射よりも、空からバラバラと落ちてくる何かが、木の葉を激しく揺らしたのが恐ろしかった。機銃掃射の時の薬莢《やっきょう》が落ちてきたのではないか」という。


（令和四年八月一七日付け『北海道新聞』から要約引用）

帯広・帯広駅構内を攻撃

昭和二〇（一九四五）年六月二七日。帯広で初めて空襲警報が発令された。

七月一四日。午前五時、空襲警報発令。アメリカ軍の艦載機グラマン八機が姿を現した。その内、三機が帯広駅構内に無数の銃弾を撃ち込んだ。何分か過ぎた後、三機は、再び、戻って、駅構内の南側の引込線に爆弾を投下した。帯広駅の被害は軽微で、死傷者がいなかった。

（『帯広市史』、『足寄町史』から要約引用）

帯広・啓北国民学校の奉安殿が損傷

昭和二〇（一九四五）年七月一四日。早朝、柏国民学校校舎が、数一〇発の機銃掃射をうけた。幸いにして損害は軽微だった。

七月一五日。午後、啓北国民学校付近が、銃爆撃を受け、爆風によって校舎のガラスが飛び散り、奉安殿の屋根が一部浮き上がるなどの被害があった。生徒は、勤労動員の最中で、学校にはいなかったので、学校関係者の人的被害はなかった。

当時は、天皇陛下の御真影を守ることが、至上命令とされていたので、学校長は、御真影をリュックサックにいれ、防空壕に避難した。奉安殿が損傷したので、夜の内に、帯広中学校の奉安殿に移す措置をした。

啓北国民学校周辺の住宅街などに爆弾五発、機銃掃射を行った。死者五人（その後の市民団体の調査では六人）、全壊一九戸、半壊一八戸、中破五戸、小破五戸、軽微一二戸の被害を受けた。

（『帯広市史』から要約引用）

帯広・六人死亡

昭和二〇（一九四五）年七月一五日。午前一一時頃、約四〇機のアメリカ軍機が本別方面からやって来た。啓北国民学校（現在の帯広総合体育館）周辺に、五発の爆弾の投下があった。そのため、六人が犠牲となり亡くなった（市民団体の調査）。

（令和四年八月一五日付け『北海道新聞』から要約引用）

第五章

戦時中の戦災者疎開と集団入植

戦災者疎開と集団入植の開始

昭和二〇（一九四五）年。戦争が終末に近づくと、東京をはじめ全国の主要都市に対して空襲が激しくなり、家屋、施設などの焼失破壊とともに、戦災者が激増した。食料事情も最悪の状態となった。三月、政府は、このような状況に対処するため、「都市疎開者の就農に関する緊急措置要綱」を閣議決定した。

民間側からも黒沢酉蔵（衆議院議員。雪印乳業の前身、北海道酪農公社の創設。酪農学園大学の設立などに尽くす）らの「疎開者戦力化に関する意見書」や道関係の貴衆両院議員連盟による「戦災者戦力化に関する意見書」が提出された。

戦争が、さらに、苛烈化することを予想して、交戦力の基本である食糧の増産と、都市住民の地方への分散疎開が緊急であった。北海道の未開拓の土地、少ない労働力に、都市戦災者などの就農が適切であると判断された。

五月三一日。「北海道疎開者戦力化実施要綱」が、次官会議で決定された。これによって、北海道に五万戸、二〇万人の集団帰農計画が決定された。この業務を円滑に行うため、道庁に「北海道集団帰農者受入本部」が設置された。

民間協力団体として「戦災者北海道開拓協会」が設立された。趣旨の普及、申込み、受付、輸送、送出などの業務を行うため、東京に本部、札幌を含めた主要都市に、それぞれ支部を置いた。

（『北海道戦後開拓史』から引用）

北海道疎開者戦力化実施要綱の規定

一、とりあえず現地での受入収容。
二、主要食糧の配給を行う。
三、概ね一戸当たり既墾地一町歩を貸付、耕作させて食糧生産に従事させる。
四、北海道農業を体得したとき、独立農家として、未墾地または不作付地一〇町歩ないし一五町歩を無償貸与する。
五、その他、現地の協力体制や助成世話など。

北海道集団帰農者受入の募集

空襲で家を焼かれ、生活のあてを失った多くの戦災者は、北海道集団帰農者受入の募集に応じた。

昭和二〇（一九四五）年七月六日。拓北農兵隊と名付けられた東京都の第一陣、九六六人が出発した。途中、アメリカ軍機の空襲を避けながら、青函連絡船と列車を乗り継いだ。七月一三日、それぞれ割り当てられた入植地に着いた。

日増しに破局に近づく戦時下で、このような異常な入植には、送出、受入と共に非常に困難を伴った。終戦となった八月以降も、この移住は続き、食糧を求める都市人口救済の緊急的社会政策として、八月末までには、神奈川県、愛知県、大阪府などから九次にわたり、約一、八

○○戸、約八、九○○○人の集団帰農者（「拓北農兵隊」、戦後は「拓北農民隊」と改称）が入植した。以降、一○月末までに二五回、三、四六七戸、一七、三○五人が道内各地に入植した。その後、戦後緊急開拓事業に引き継がれた。

このように、急激に行われた入植が、道庁をはじめ各市町村を混乱させた実態は、想像を超えるものがあった。異常な社会的混乱の中で始められた入植であったので、制度や助成策などすべてが不十分で、入植者と受入側の苦難が伴った。

（『清水町百年史』、『北海道戦後開拓史』から引用）

戦災都市部疎開者の集団帰農の取り扱い

一、不作付地、未開墾地などの中から、差し当たり一戸、概ね一町歩程度の無償貸与を受けて耕作し、自家食糧の生産をする。

二、若干の生活費補助（一戸当たり一二○円程度、六ヶ月間）、および、小農具、種子は無償交付される。

三、耕作のかたわら入植地近傍農家の援農をし、本道農業を体得する。また、他の賃稼《ちんかせぎ》（日雇）もして、現金収入を図る。

四、概ね一年経過後、さらに、営農を継続しようとする場合には、国有未開地などで適当面積（畑一○～一五町歩、田五町歩程度）の貸付を受けることができる。

五、そして、本格的に開拓を行い開墾成功後無償で、その土地が付与される
ということになっていた。しかし、実際には、この集団帰農は、緊急開拓の発足により吸収
され、以後、戦後開拓者としての取扱いを受けることになった。(『北海道戦後開拓史』から引用)

戦災者の北海道集団帰農・質疑応答

北海道の開拓地に入植するに当たり、参加希望者からの質問があり、その応答が『北海道戦後開拓農民史』に記載されている。

当時の集団帰農希望者の不安な心情が読み取れるので、要約して紹介する。

一、応募したいと思います。勤まるでしょうか。

中心になる人と家族の決心次第です。五、六〇年前に、北海道に渡って来た屯田兵とその家族が、北海道農業を築き上げた道を、今からたどる覚悟があれば勤まります。但し、楽な道ではありません。

二、農業の経験がなくても、大丈夫でしょうか。

生じっかな経験よりも、素直に北方農業を学ぶ素人のほうが、良いとも考えます。府県の五反百姓や蔬菜作り程度の農業を考えて行かれると、当てがはずれます。

三、北海道のどの辺に、入植するのでしょうか。

札幌を中心とした石狩平野、旭川を中心とした上川平野、帯広付近の十勝平野などです。当初は、既存集落に入り、一町歩程度作って手習いし、一、二年後に、その周辺の未墾地、または、不作地一〇町歩から一五町歩をもらって開墾します。

四、その土地は、森林のある山ですか。

木の生えたところもあります。一度、開墾して作付けせず、草原になっている土地もあります。山といっても、急斜面のところはありません。

五、一度、開墾して作らずにある土地というのは、痩せ地でしょうか。

必ずしも、そうではありません。戦時下、人手不足のため、作付けできなかった土地、農地開発営団などで、大規模に開いた土地が、同じく人手不足のため、そのまま空いているような土地です。最近の土地改良計画に順応して努力すれば、いずれも肥沃となる土地です。

六、その土地をもらえるのでしょうか。

最初は無償で借ります。国有地の場合は、ある程度開墾できたとき、本人に付与されます。民有地の場合は、買い上げてから無償付与されるか、買受け資金の全額、または、大部分を補助します。

七、住宅ができていますか。
できているところもあります。到着してから資材をもらい、指導を受けて自分自身で建てるのです。
八、どんな家でしょうか。
掘立小屋です。土に穴を掘って柱を立て、ササかワラで囲うか、あるいは、組立兵舎式の囲いをするのです。当分は畳もなく、電灯、石油ランプもないことは、時局柄、当然ながらご承知置き願います。
九、冬は寒いのでしょうか。燃料はありますか。
森林に近いところは、薪、そうでないところは石炭が十分にあります。東京以北の石炭は、北海道の石炭で賄われています。木のある地帯に入植された方は、薪炭《しんたん》（たきぎとすみ）を自給するほか、たくさん生産して供出していただきます。

一〇、食糧は、どうなりますか。

現在、北海道の私たちが配給されているのと同じだけ、必ず、配給されます。
一一、収穫物は、供出しなければなりませんか。
自給する食糧を確保してから、余裕があると認めたときから、供出していただきます。一日も早く、供出できる農家になって戴かなければなりません。自分たちの食べ物がない中からは供出させません。

一二、現金は、どの程度必要でしょうか。
資金がなくてもやれます。多額の預金のある方は、将来の準備として、地元の農業会に預金して置いてください。

一三、冬は何をしますか。収入がありますか。
造材、木炭焼などの応援、土地改良など、その他、冬の農村は、人手の奪い合いです。ぜひ、雪の上で働いてください。したがって、相当な収入があります。

一四、希望する土地に、入れてもらえますか。
それはできかねます。多くの人々を短期間に入植させるためには、希望を聞いているわけにはいきません。ご辛抱願います。

一五、親戚や知人で、集団を作って行けますか。
それは最も歓迎します。その場合は、入植先について相談に応ずる余地があります。二戸以上、一緒に行きたいという方は、同じところに入植できるようにします。

一六、どのような物を持っていけばいいのでしょうか。
衣類、寝具、炊事用具、食器、それに農具やストーブなどあれば、それもお持ちください。鉄類は、焼け跡の鉄屑でも、持って行くと農具やストーブになります。寝具、衣類など不足の方は、親戚、知り合いからもらい集めて、準備してください。

一七、荷物は、どのようにして、持って行きますか。
一五個（一個当たり五〇キロまでの物）まで出せます。指定された町村まで運び、運賃は政府が支払います。乗車賃も不用です。
一八、学校はありますか。
国民学校が各町村にあります。ただし、一里（四キロ）程度通うところもあると思ってください。冬期間は、集団地に臨時分教場を設けることも可能です。
一九、中学校（現在の高等学校）は。
道内に八〇余校あり、転校もできます。将来、特殊な目的がある人以外は、この際、家族と共に、農業に励んでいただきたいと思います。

二〇、入植後、中心人物が応召したら、どうなりますか。

集団帰農者ということで、特別な保護がありません。ただし、各集団の相互扶助もあり、開墾した土地を荒らさないようにするため、ご家族が留守を守る決心が必要です。ご家族がその努力をされている限り、応召したからと、土地を取り上げるようなことはありません。
二一、徴用者、その他各種要員に指定されている者は、行けませんか。
絶対に行けないということはありません。勤労動員署、または、警察署で解除してよいと認められた人は行けます。

二二、家族を置いて、一人だけ先に行こうと思いますが。

それは、賛成致しかねます。全員そろって入植してください。特に、家族の中で、渡道に反対のある方は、それを解決するまで、見合わせてください。

二三、妊産婦や病人などは。

残して行くしかないと思います。後で引き取る方法があります。

二四、小さな子供を連れて行っていいでしょうか。

小さな子供さんは、すぐ慣れます。むしろ大人より安心です。

二五、移動途中の食事は。

できるだけたくさん(三、四回分)の弁当を持って行ってください。函館から先は、炊き出しなどの方法を考えていますが、非常の場合を考えて、煎米(せんまい・いりごめ・炒った米・保存食)など用意してください。

二六、北海道の主な食料は、どのような物でしょうか。

米もありますが、入植する場所は、畑地になりますので、麦、豆、馬鈴薯など多く混食するものと考えてください。

二七、家族や荷物を他へ疎開している場合は、どうしましょう。

申込み受付官庁の証明で、疎開先から乗車、または、送り出しますから、該当者は申込みと同時に申し出てください。

(『北海道戦後開拓農民史』から要約引用)

士幌・集団帰農、四二戸入植

昭和二〇（一九四五）年八月七日。北海道開拓者募集の公告に応募した疎開者たちは、上野駅を出発した。青森で空襲に遭い、七日間程度滞在、青函連絡船内で終戦を聞いた。

八月一六日。士幌駅に着いた。士幌村へ集団帰農した戸数は四二戸だった。

士幌市街で分宿して、翌日、村内各所にある常会場へ配置された。常会場、空家などが仮住居となった。村内にある防風林、保安林、百間（一八〇メートル）幅のうち七五間（一三五メートル）を開拓地に解放した。一戸当たり三百間（五四〇メートル）、七町五反が配分された。防風林の大木を伐採した後に小柏《こがしわ》（小さなカシワの木）が密生していた。

集団帰農者、星田幸三郎さんの話を紹介する。

農業経験ほとんどなし

「下台の昭和南地区の川瀬さんの空家に入り、集落の人たちの好意で、縦横二間（三・六メートル）と三間（五・四メートル）の燕麦カラで囲った掘立小屋を建ててもらい、移ったのは一ヶ月後であった。

農業経験はほとんどなく、鍬で、一本の小柏の根を掘るのに、半日もかかることがあり、開墾作業は進まなかった。

川瀬さんたちの好意で、畑を手伝って、南瓜や食料を分けてもらった。翌年は、既墾地を借りて、作物の種子を少し蒔いた」。

（『士幌のあゆみ』から要約引用）

上士幌・東京杉並団体、三一戸入植

昭和二〇（一九四五）年八月七日。東京丸の内ビル二階、北海道庁開拓協会東京事務所で説明を聞いた、元、外交官の阿南正生さんを隊長とする東京都杉並団体、三一戸は、北海道に向かった。

職業は、外交官、軍人、通訳、教員、大阪新聞社員、日本橋三越、代書業、彫刻家、技師、染め物職、印刷業、銀行員、雑貨商、八百屋、東京電力社員、会社員など様々であった。

八月九日。青森駅到着と同時に、空襲に遭い、鉄骨の建物の焼け跡に一四日まで収容された。汽車の中では、乾パンが支給されただけであった。青森では、配給された玄米と焼け残りの缶詰を食べ、アメリカ軍の艦載機グラマンに発見されないように炊事をした。終戦の詔勅を函館で聞いた。函館まで佐藤輝彦さんが、移住者を迎えに行っていた。

八月一六日。終戦の翌日、杉並団体は、目的地の上士幌に着いた。集団で入植すると、既存農家の協力が得られづらいため、各農家に分散させて入植することにした。

杉並団体の一行は、光明寺で休息し、昼食は配給米が少ないため、大豆を入れた握り飯に味噌汁が支給された。馬車で迎えに来た各農家に引き取られて、それぞれの落ち着き先へ向かった。その後、移住者は、民有未開地の退去跡地、および、防風林などに入植した。

入植者の中には、戦火をまぬがれ現金や家財のある人もいた。物々交換などできた人は、恵まれたほうであった。三一戸の疎開者の中で戦火にあった者はわずかで、中には、便宜的に官費疎開する者もあった。戦後、東京方面が、安定するにつれて、離農者が相次ぎ、現在（昭和四五年）の営農者は、九戸である。

上士幌・退職金八、〇〇〇円で住宅、軍馬を買う

大阪毎日新聞の社員であった、東京杉並団体の副団長、玉木東一さんが、後に、入植した経緯、開拓の状況を述懐しているので、紹介する。

東京最後の大空襲に遭う

「東京で空襲が始まったので、妻と子供を姫路に疎開させ、長男と二人で東京に残った。住居が疎開地域に指定されていたため、荷物を荷造りしてアパートに入った。日常必需品以外は、他に置いてあった。

昭和二〇（一九四五）年五月二五日。東京最後の大空襲に遭い、北海道開拓隊の一員として食料難を救うため、北海道庁開拓協会に訪れた。世帯構成人員から農業に最適であると激励された。

妻子を迎えに姫路に行こうとしたが、各地が空襲に遭い、列車の到着するところが、ことご

とく建物の焼け跡から、火がくすぶっているという状況だった。結局、姫路の疎開先も戦災に遭い、東京にいるのと同じだった。

軍馬の払下げ

昭和二〇(一九四五)年一二月一八日。家財は失ったが、新聞社を退職した時の退職金が、八、〇〇〇円ぐらいあったので、近所の既存農家の人に手伝ってもらい住宅を建てた。

昭和二一(一九四六)年。荒廃地となっていた郷清吉さんの土地、三戸分(一戸分は五町歩、すなわち一五町歩)を農会の世話で、二、一〇〇円で購入した。農機具、土地、馬などは貸してくれるということだったが、乏しくなった財布をはたいて、軍馬の払下げを受けた。この時、初めて馬の背に乗った。

その後も、三町歩ずつ防風保安林の割当があり、既存農家の応援もあり、一町七反ほど開墾した。この土地は他に譲った。

食事は、代用食とはいえ、飢えをしのぐことができ、澄んだ空気と、ふんだんな牛乳、鶏卵など自由に食べることができ、畑仕事ではあったが、今日、健康で生活できる原因となっている」。

上士幌・北門地区に入植・岡安豊吉さん

東京電力株式会社に勤務し、戦災に遭い、東京都杉並団体の一員として上士幌の北門地区に入植した、岡安豊吉（元、東京電力社員）さんの入植、営農経過を紹介する。

翌春までの食料、馬鈴薯

「北門地区は、上士幌市街地から約九キロに位置する。集落の農家の人が迎えに来てくれた。入植地に着くと掘立小屋の空屋があり、そこが仮住宅となった。井戸はなく、四〇間（七二メートル）離れた谷地水を飲料水とした。

　土地の分譲計画もなく、その年は既存農家の手伝いをして薯や南瓜《かぼちゃ》をもらって生活した。当時、一俵一二円という馬鈴薯を買って、翌春までの食糧として貯えた。村から配当された補助用板を買い求めて住宅の準備をし、防風林の木材を燃料に払い下げを受けた。

　まだ土地もなく、わずかな小農具を与えてくれても、どうにもならなかった。東京から持って来た衣類やミシンなどと、食料や種子と既存農家と交換して営農を始めなければならなかった。

　払い下げの住宅用の立木、五〇石（一石は、一尺×一尺×一〇尺の柱、すなわち三〇・三センチメートル×三〇・三センチメートル×三・〇三メートルの柱の体積をいう）も、馬がいないために、どうにもならなかった。

　ようやく見つけた三町歩の畑を、ほかの農家の人に起こしてもらい、カルチベータ（畜力・動力用農機具）は、馬の代わりに人間が引っ張って、除草中耕（根ぎわの表土を浅く耕すこと）をするなど、心身共に疲れた。このため、翌年から離農する者も出てきた。

イナキビの収穫、皆無、澱粉粕が代用

昭和二一（一九四六）年。一戸当たり五町歩与えられた。井戸は、一〇〇尺（三〇・三メートル）も掘らなければ、水がでないようなところであった。

夏はフキを採り、これを七分、米を三分のお粥を食べ仕事をした。馬は貸与される見込みがないので、秋に二〇歳という老齢馬を手に入れたが、開拓の用にはならなかった。この老齢馬は、銘仙の反物一〇点（七、五〇〇円相当）と交換した馬だった。この年は、イナキビの収穫皆無で、澱粉粕代用で餅の代わりとした。

豚の飼育

昭和二二（一九四七）年。二歳馬を求めた。ところが、この馬も農耕に使えず、士幌の馬市で一〇、〇〇〇円で売り、これに五、〇〇〇円を加えて牝の二歳馬を買った。この赤字は、一時、農協に立替えてもらった。豚を飼育してそれで支払った。

この年は、自家食糧まで加えて一〇〇パーセント供出し、配給米を細々とフキと混食して食べた。一〇月頃から造材山に出稼に行った。

供出、割当を消化

営農資金として二三、〇〇〇円貸与されたが、半分は封鎖されたので、まとまった農具も買

えなかった。出稼の弁当も握り飯に塩を付けた物だったが、健康に恵まれたことが何よりだった。三反から五反開墾した。馬鈴薯の収量は五俵から六俵、蕎麦《ソバ》は四反で一俵ぐらいの収穫だった。勿論、当時は肥料の配給は少なかった。それでも供出は、割当を消化しなければならなかった。

昭和二五（一九五〇）年。ようやく、国庫補助五〇、〇〇〇円のうち、四七、〇〇〇円もらって、自己資金と合わせ一〇〇、〇〇〇円を投じて住宅を建てた。四町歩の防風林、原始林を開墾して、二男、三男も学校に通わせれるようになった。

昭和二六（一九五一）年。若馬二頭、鶏五〇羽、ウサギ五羽、綿羊一頭を飼養するようになった。

昭和二八（一九五三）年。農業手形も一〇〇、〇〇〇円から三〇〇、〇〇〇円利用できるようになった」。

（『上士幌町史』から要約引用）

鹿追・拓北農兵隊、三二戸入植。画家、神田日勝さん、家族と共に入植

昭和二〇（一九四五）年一月。東京都は、食糧増産と都民の疎開のため、各区役所で移住者の募集を開始した。

中山梅太さんの長男、厚さんが、当時の記憶を次のように述懐している。

拓北農兵隊の募集

「東京板橋区で、拓北農兵隊を募集した。魚屋、印刷工、大工、教員、画家、新聞販売店などの職業の人々、三二戸、四九人の応募があった。第一斑長、大郷喜代治さん、第二斑長、松岡純一郎さんがその任に当たった。

八月二日。家財を整理し、生活道具を荷造りして発送した。

幾度かの空襲と艦砲射撃

八月七日。東京上野駅を出発した。途中、幾度かの空襲と艦砲射撃を受け、そのたびに列車は止まり、また、トンネルに避難するなど、不安と危険な旅であった。仙台では、四日間の足止めとなった。学校の焼け跡のコンクリート壁を塀にして仮宿生活した。

八月一二日。津軽海峡を渡った。

八月一四日。鹿追に到着した。中鹿追集会所が仮住居となった。神田さん一家たちと共同生活で、空襲も爆撃もない静かな夜だった。

函館港まで村長さん出迎え

函館港まで、村長、黒沢友寿さんが出迎え、新得駅には、役場書記、川染重さんが出迎えた。拓殖鉄道で鹿追駅に着いた日は、終戦の前日だった。

役場前で、入植予定地の説明を受け、上然別地区、鹿追地区、瓜幕地区に分かれ、それぞれの入植地に向かった」。

（『鹿追町七十年史』から要約引用）

新得・拓北農兵隊、板橋隊、江戸川隊、福島隊が入植

昭和二〇（一九四五）年八月一四日。東京から上佐幌地区や広内地区に、一〇戸（一四戸の説もある）入植した。東京板橋区の募集に応じたので、拓北農兵隊板橋隊（団長、藤岡繁春さん）と呼ばれた。

兵士は戦場で戦い、北の地での開拓も同じく戦場であるという考えから、拓北農兵隊と呼ぶようになったという。戦後は拓北農民隊と呼ぶようになった。

一〇月二二日。江戸川区の募集に応じて、拓北農兵隊江戸川隊（団長、藤岡健児さん）五戸、三二人が入植した。福島県からの拓北農兵隊福島隊、五戸が入植した。入植した人たちの多くは、営農に見切りを付け、開拓地を去った。

（『新得町百二十年史・上巻・下巻』から要約引用）

清水・終戦の前後、三三戸入植

昭和二〇（一九四五）年八月一四日。第一陣が東京から二〇戸、第二陣が四戸。一〇月三一日、第三陣が福島県から九戸、合計三三戸、一五八人が入植した。

八月一四日。一八歳のとき、東京で女学校を卒業し、軍需工場で働いていた岩井幸子さんが、父正司さん、貞代さんと共に、上清水に入植した。岩井幸子さんは、次のように述懐した。

拓北農兵隊世田谷隊に応募

「昭和二〇（一九四五）年三月一日。東京大空襲で蒲田にあった自宅を焼かれ、母の実家の世田谷に移った。父が東京に居ても、何時、空襲になるか分からない。北海道なら土地も広い、家もあたる、馬もくれるのではないかということで、拓北農兵隊世田谷隊に応募して、北海道に来ました。清水町へは、一四世帯が一緒でした。最初は、西清水の集会所に入った。地域の人がイモ、ニンジン、ソバ、ウドンなど持ってきてくれて、『東京の店屋よりも品物があるね』と、家族中で喜びました。

道具もなければ、馬もいない

一一月。割り当てられた上清水の防風林に、地域の人に手伝ってもらって、燕麦のカラで屋根を覆った掘立小屋を造りました。壁は父が、土をこねて土壁にして、何とか移り住みました。

割り当てられた土地は、細いカシワの木がいっぱい生い繁っている荒れ地で、開墾するといっても、募集の時と話が違って、道具もなければ馬もいない。薪もない時代だったので、木のほうは地域の人にあげることにして、切ってもらった。下のササの根は、自分たちで切らなければならない。サッテというクワみたいな道具で、切っていくのだが、人力では大変だった。

蒔いたトウキビの種、カラスがほじる

それでも、何とか畑らしくして、トウキビの種をもらって、棒で穴を開けて、一粒ずつ蒔いた。農業を知らない悲しさ、蒔いた後に、土をかけることを知らないので、後ろを見たら、カラスがほじって、食べていたなんてこともあった。

昭和二一（一九四六）年の暮れ、悪いことに慣れない生活のせいか父が亡くなり、男手がなくなってしまった。幸い、今の主人と出会って、開墾を続けることができた。

農業は初めてなので、家畜の目が利かず、やっと手に入れた牛や馬がすぐに死に、苦労が絶えなかった」。

出発の時に聞かされていた農具は勿論、補助金も満足になく、聞くと見るとでは大違いが現実だった。こうして、一緒に来た仲間は、次々と離農していった。帰る当てのない人たちは、頑張るより外なかった。

（『清水町百年史』から要約引用）

御影・終戦の前後、三三戸入植

昭和二〇（一九四五）年一〇月末までに、拓北農民団、二八戸入植。その後、海外からの引揚者、

復員軍人の就農希望者、五戸を含めて、合計三三戸が入植した。

八月一四日。終戦の前日、その中の一人、山本正隆さんは両親と共に御影村に入植した。国民学校（昭和一六年から二二年まで。初等科六年、高等科二年）四年生の時だった。その頃の様子を次のように述べている。

入植の翌日、終戦

「東京の家は、今の羽田空港の近くで、付近に高射砲陣地があって、毎日のようにアメリカ軍の空襲の目標になっていた。それで、両親は、北海道なら空襲もないし、食べる物も不自由しないで済むのではないかと、人に勧められてやって来た。

御影では、真浄寺に落ち着いた。その翌日、重大放送があり、終戦となった。どうして北海道へ来たのかと、気抜けしたが、今更、帰るわけにもいかず、割り当てられた柏木地区の集会所に入って開拓生活を始めた。

七町五反の開拓地

柏木地区では、防風林、幅一〇〇間（一八〇メートル）の中で、七町五反の開拓地を割り当てられた。

自分で木を切れば、開墾手当がでるが、太い木は、役場が校舎の建築に使うとかいって、業者が入ってきて木を切ったので、開墾手当はもらえない。ソバ殻と燕麦で小屋を作り、父と一緒に七町五反の土地を開拓した。

一緒に来た叔父一家は、一〇年ほどで開拓を諦め、帰って行った。父と一緒に借金をしながらでも頑張ったおかげで、何とか土地を広げることができた」。

山本家は、平成一五年現在、畑地を約二五〇町歩、馬鈴薯、小麦を中心にした大規模農業を営んでいる。

（『清水町百年史』から要約引用）

芽室・九〇戸入植

昭和二〇（一九四五）年七月一三日。東京から第一回目の集団帰農者が三八戸入植した。九月に二回目、十月に三回目、四回目の集団帰農者が入植、合計九〇戸入植した（注・『芽室町八十年史』に「九二戸」と記載されているが、『八十年史』の「戦後開拓入植状況」の表に準じて訂正した）。

入植地域は大成、上伏古、美生、芽室、河北の各地区、芽室原野の防風保安林を解放し割当て、一時的に各集落に落ち着いた。これらの入植者は、東京都、埼玉県の戦災者がほとんどであった。

（『芽室町八十年史』から要約引用）

中札内・疎開帰農者入植

昭和二〇（一九四五）年五月。疎開帰農者、中札内村に入る。

（『新中札内村史』から引用）

更別・拓北農兵隊二〇戸入植

昭和二〇（一九四五）年七月一三日。更別に東京から拓北農兵隊、二〇戸が到着した。更南地区に二〇戸（新更別一二戸、清和八戸）が入植した。

七月一〇日。東京上野駅で結団式が行われ、拓北農兵隊と命名されて出発した。この拓北農兵隊は、戦後開拓者でなく、戦災による疎開者であった。東京からの疎開と食糧確保の一石二鳥を考えた政府の方針で、北海道開拓団の募集が行われた。

七月一四日。B―二九・グラマンによる北海道への大空襲があり、この日、青函連絡船一四隻中一二隻沈められ、多くの疎開者が命を失った。『私たちも数日遅かったら、どんな運命になったことかと、お互い胸をなでおろした（戦後開拓二〇周年記念誌、関山幸昭さん）』と述懐した。

拓北農兵隊隊長梅原薫（昭和二五年離農）さん、副隊長宇田川禅三（昭和四四年離農）さんら二〇戸は、新更別地区へ一二戸、清和地区に八戸入植した。

夏になってからの入植では、ソバも蒔くことができなかった。そのうえ、農業の経験のない人たちがほとんどであり、着の身ひとつの疎開で、農具も何もなかった。間もなく終戦となり、厳しい開拓生活が始まると、堪えきれず次々と、東京に戻る人たちが出てきた。翌春までに、八戸が帰ってしまった。

入植後は、東京会をつくって励まし合ったが、昭和四五（一九七〇）年一〇月現在、関山幸太郎さん、長尾豊治さんの二戸のみとなった。

幕別・東京都から第一陣、三五戸入植

アメリカ軍のB―二九の空襲で、東京を始め国内の主要都市は焼け野原となった。政府は、これら罹災者を食糧増産のために帰農させることになり、北海道の各市町村に人数を割り当てた。

昭和二〇（一九四五）年八月一三日。終戦の二日前、東京都からの第一陣、三五戸、一九七人が幕別に着いて、各地域に入植した。

（『幕別町百年史』から要約引用）

忠類・拓北農兵隊、三二戸入植

昭和二〇（一九四五）年七月六日。第一陣九五六人が東京を出発した。その内、三二戸が拓北農兵隊として、忠類地区の上当幌開拓団地に入植した。

東京から到着すると、行き先が決まるまで、大樹村尾田の十勝拓殖実習場に滞在した。矢崎リウさんは、その時の想い出を「ふるさと・四号」に、次のように記している。

牛乳に澱粉団子

「実習場に着いた時、牛乳に澱粉団子を入れたのを夕食に出されました。その味が今でも忘れることができません。

二四所帯、一〇〇名の宿舎は、牛舎を改造したもので、入口には、ムシロを下げてドアの代わりでした。階下と階上に別れて入ったのですが、階上で水でもこぼしたら大変、階下に雨漏りのように落ちるのです。

夕方、西の山に大きくて真っ赤な太陽が沈む頃、川辺に立ち、親と遠く離れたさみしさで、夕日を見ながらよく泣いたものです」。

敗戦を知ると開拓を断念して、東京に帰る者もいた。帰っても当てのない家族は、牛舎の仮住居で、そのまま厳しい冬を越した。

翌春、上当幌の開拓地が割り当てられた。応募の時に約束された募集条件の多くは、敗戦でうやむや（反故《ほご》・約束などを破る）になっていた。矢崎一家は厳しい開拓の作業に堪えきれず、わずか二年で開拓を断念して、忠類市街地に移り、身につけていた大工仕事で生計を立てた。

拓北農兵隊として入植した、鈴木幸治（四五歳・元警視庁巡査）さんは、焼け野原になった東京での生活を諦め、家族八人の大家族で、開拓にやって来た。慣れない開拓に汗を流すかたわら、過去の経験を買われて、開拓者の農作業の指導や生活改善に取り組む、開拓地指導農家に忠類村から発令された。

（『忠類村史』から要約引用）

豊頃・五三戸入植

昭和二〇（一九四五）年。戦災疎開者、五三戸入植する。

（『豊頃町史』から引用）

足寄・上稲牛地区などに入植

昭和二〇（一九四五）年八月。東京からの緊急疎開者が、上稲牛地区などに入植した。都市の戦災者が食糧生産を求めてやって来た。

（『足寄町史』から要約引用）

帯広・川西村に三〇戸、大正村に東京都から一三戸、茨城県から一二戸入植

昭和二〇（一九四五）年七月一三日。東京大空襲による戦災者、疎開帰農者、拓北農兵隊の第一陣、三〇戸が川西村に着いた。約束されていた資材や農機具、地下足袋一足も支給されず、入植者は戸惑った。

そのようなこともあったが、地域の人たちは、乏しい食料を分け与え、開拓小屋の建築作業を手伝うなど、温かく迎え、できる限り協力した。

大正村では、空襲による戦火を避けて、都会から集団帰農疎開者が入植した。東京都から一三戸、茨城県から一二戸が入植した。

（『帯広市史・平成一五年編』から要約引用）

第六章

終戦後の混乱期・引揚者と復員軍人

戦争による戦死者、民間人の死亡者

第二次世界大戦における日本軍の戦死者は、約二三〇万人。日本の民間人の死者は、約八〇万人。合計約三一〇万人といわれている。

国・地域別戦没者数、合計二、四〇三、四四〇人

台湾、北朝鮮、韓国、九五、四〇〇人
旧ソ連（モンゴル含む）、五四、四〇〇人
インドネシア、北ボルネオ、四三、四〇〇人
インド、ミャンマー、タイ、二〇〇、四〇〇人
アリューシャン（樺太、千島含む）、二四、四〇〇人
中国　東北地方（ノモンハン含む）、二四五、四〇〇人
東部ニューギニア、ソロモン諸島など、二九九、三〇〇人
硫黄島、二一、九〇〇人
沖縄、一八八、一四〇人
中国本土、四六五、七〇〇人
中部太平洋、二四七、〇〇〇人
フィリピン、五一八、〇〇〇人

（令和四年三月二六日付け『北海道新聞』から引用）

日本人抑留者の収容地区と死亡者、合計四四、六〇八人

モスクワ州、三四人
モルドビア共和国、六人
タンボフ州、一二五人
ロストフ州、七人

サラトフ州、二人
タタルスタン、八九人
バシコルトスタン共和国、二〇人
コミ共和国、四人
ノボシビルスク、二四人
ケメロボ州、三二七人
イルクーツク州、五、三五五人
サハ共和国、一人
アムール州、二、五九五人
ハバロスク地方、一一、〇九一人
カムチャツカ地方、五人
北朝鮮、八九〇人
グルジア、一七人
ウズベキスタン、八八二人

イワノボ州、五人
オレンブルク州、一四九人
チェリャビシスク州、二〇人
スベルドロフスク州、六一人
アルタイ地方、二、六三七人
クラスノヤスク地方、一、九九一人
ブリャート共和国、一、一七一人
ザバイカル地方（旧チタ州）、七、三四六人
マガダン州、九七人
沿海地方、七、六五六人
サハリン州、一八八人
ウクライナ、二二〇人
カザフスタン、一、五二一人
トルクメニスタン、七二人

（平成二三年九月三日付け、『北海道新聞』から引用）

中央アジア抑留者の墓地

昭和二〇（一九四五）年八月九日。ソ連が参戦し、旧満州（現在・中国東北部の遼寧省、吉林省、黒竜江省の三省）へ攻め込んできた。終戦になると、日本兵、従軍看護婦、女性事務員、電話交換手、満蒙開拓で入植していた満蒙開拓青少年義勇軍、満蒙開拓団民、民間人など、捕虜として約六〇万～七〇万人が、ソ連の内陸部、シベリア、中央アジアなどに連行された。一、二年から一〇年ぐらいの長期間に渡って、強制労働をさせられた。その結果、六万～七万人もの日本人が、亡くなったといわれている。

「シベリア抑留」と一般的にいっているが、シベリアだけでなく、日本人は旧ソ連全土、ウクライナ、グルジア、トルクメニスタン、ウズベキスタン、カザフスタン、キリギスタン、北朝鮮に強制連行された。

私（編者）は、旅行でキルギスタンに訪れたことがあった。キリギスタンでは、日本兵が二〇〇人ぐらい、約二年間、抑留され強制労働をさせられていた。その頃の資料を展示してある資料館を見学した。その時の旧日本兵は全員無事、帰国したとのことだった。

カザフスタン、ウズベキスタンでは、旧日本兵の墓地に案内された。数多くのお墓があり、花束を捧げ、手を合わせお参りをした。二〇代の青年の多くが故郷の土を踏むことなく、異国の地で亡くなってしまった。

シベリア抑留

昭和二〇（一九四五）年五月。満州に召集され、わずか、三ヶ月の軍隊生活で敗戦となり、シベリアで一年間の抑留後、帰国。池田町役場に勤務していた石田定蔵さんの回想を紹介する。

飢餓状態で重労働

「満州のチチハルで終戦になり、同時にソ連軍の捕虜となった。チチハルからハイラルまで歩かされた。ハイラルから収容所のあるクラスノヤルスクに連行された。

収容所では、八時間労働が守られていたが、重労働だった。はじめは鋳物工場で機関車の部品を作った。食べ物は、一日三回与えられたとはいえ、一回の食事は、厚さ一センチ足らずのパン一切れに名ばかりのスープ一杯。こうした飢餓状態の中の重労働で、バタバタと日本兵は死んでいった。そこで、栄養失調に良いというので、原始林の中に入り、松の葉を取りに行き、それを煮て飲んだ。

マラリアに罹る

祖国に帰りたくて収容所を脱走し、住民に殺されたり、ゲーペーウ（GPU・ソ連の国家政治保安部の略称・秘密警察）に捕まり、どこへ連れて行かれたのか帰って来なかった者もいた。

私は、収容所でマラリアに罹り、入院した。病気になったことで、帰国が早まった。

翌年、クラスノヤルスクでの送還第一陣に入れられて、やっと、シベリアから帰国を許されナホトカに出た。海を見た時の嬉しかったことは、今でも忘れられない。ナホトカから乗船して、舞鶴へ帰ってきた。

悲惨な開拓団

我々軍人よりも哀れなのは、北満の各地に分散していた日本人の開拓団の人たちだ。男はおらず、女と子供と老人の全く無防備の日本人は、悲惨というより外はなかった。小さな子供は連れて帰るに帰れず、満人に売られ、また、荒野に捨てられたことは知っている」。

(『池田町史・上巻』から要約引用)

北満州開拓団の悲劇、集団自決

ソ連軍の兵隊、匪賊《ひぞく》、満人による略奪、婦女暴行、殺人など、北満州方面の日本人の開拓団の悲劇は、戦後に起こったことであり、歴史に残る惨状だった。

北満州の頼みの綱である関東軍は、沖縄に転戦し、男たちは、現地召集され、終戦後の日本に引き揚げは、女と子供、年寄りの無防備な逃避行となった。

当時、満州には、九四四団体、二四三、四四八人の開拓団が入植していたといわれている。この中で引揚げの途中で死亡した者、六一、一九〇人、未引揚者二三、七四六人、引揚者、

一二八、七一〇人、その他、二九、八〇二人である。

昭和二〇（一九四五）年八月一〇日以降。千振地区開拓団、閻家《えんか》地区開拓団は、南に向かって逃避行をはじめた。途中、ソ連兵と匪賊の襲撃に遭い、破滅的な被害を受けた。このとき、宮城集落の八一人は、もはやこれまでと、集団自決をしたのだった。

八月一二日。東安省の開拓団、四二一人がソ連兵に襲われた後に、集団自決をした。

九月一七日。北安省の瑞穂開拓団は、逃避行の途中、四九五人全員が、服毒による集団自決をした。

（『池田町史・上巻』から要約引用）

終戦後の引揚者

終戦の年、昭和二〇（一九四五）年八月の時点で、海外にいた日本人は、約六六〇万人といわれている。この頃の日本国内の人口は、約七、二〇〇万人であり、人口の約一割が海外に居住していた。

ＧＨＱ（連合国軍最高司令官総司令部）は、日本政府に対して、軍艦や商船を使い、引揚者の輸送を行うよう指令した。アメリカから輸送船や病院船など二〇〇隻を借り、終戦の翌年、昭和二一（一九四六）年末までに、軍人、軍属、民間人合わせて、約五〇〇万人が帰国できた。

昭和三一（一九五六）年。シベリアに抑留された人々の最後の帰国で、約一、〇〇〇人が帰国した。

（令和四年六月二〇日付け『北海道新聞』要約引用）

主な国からの引揚者数、合計約六〇四万人

昭和五一（一九七六）年までに、海外から引き揚げてきた人たち（厚生省）。

ソ連（シベリア抑留）、約四七万人　樺太、千島、約二九万人
旧満州、約一二七万人　中国、約一五三万人
北朝鮮、約三二万人　韓国、約五九万人
台湾、約四七万人　フィリピン、約一三万人
東南アジア、約七一人　南東アジア、約一三万人
太平洋諸島、約一三万人

（令和四年六月二〇日付け『北海道新から引用）

満州からの引揚者

終戦直前、ソ連が、日ソ中立条約を破棄し、宣戦を布告して、樺太、満州、朝鮮に侵攻した。このことにより、開拓団として中国東北部の満州に移住していた日本人が、悲惨な最期を遂げた人々も多く、生き残った人々も、日本に引揚げの際には、言い知れぬ苦難を味わい、多くの中国残留孤児を生み出す結果となった。

私（編者）が、平成二三（二〇一一）年六月、旧満州、ノモンハン方面に旅行した時、通訳さんが、今も、五、〇〇〇人ぐらいの日本人残留孤児がいると教えてくれた。終戦の大変な混乱時期だったので、証明になる写真や書類など何もないと話した。

幕別・戦後の復員者と未復員者

昭和二一（一九四六）年現在の推定。復員者八一二人、未復員者、南方方面一二九人、支那方面一二一人、満州方面四九人、樺太方面一〇七人、千島方面四七人、復員者と未復員者の合計一、二六五人である。

昭和二三（一九四七）年二月二〇日現在。復員者一、二六六人の就職状況は、農業八五七人、工業二〇九人、商業三四人、鉱業二〇人、その他九一人、未就職者五五人である。

昭和二二（一九四七）年三月二〇日現在。復員者一、二六六人、未復員者、南方方面三三人、支那方面五人、沖縄方面四一人、満州、北朝鮮、千島、樺太方面一五四人。復員者と未復員者の合計一、四九九人。

これらの数に、戦没者の数を加えたのが、幕別から出征した兵士の人数といえる。

（『幕別町百年史』から要約引用）

池田・引揚者と復員軍人

昭和二一（一九四六）年七月一日現在。復員軍人一、〇三一人が帰還した。定着先は、農業四八一人、運輸通信一九〇人、公務員八一人、自由業七二人、工業五五人、商業三七人、その他一一五人などであった。

昭和二五（一九五〇）年一月現在。未引揚者四三人、未復員軍人二一人、合計六四人であった。

池田・昭和二四（一九四九）年・引揚者の内訳

（『池田町史・上巻』から要約引用）

	一般引揚者		復員軍人	
	世帯	人数	世帯	人数
樺太	一五三	五七五	二〇	二一
千島	三	一〇	〇	〇
朝鮮	九	二三	一	一
支那	二二	七三	五四二	五八〇
満州	六四	一七一	一〇四	一一三
その他	五	八	四四三	四四三
合計	二五六	八六〇	一、一一〇	一、一五八

（『池田町史・上巻』から引用）

帯広・戦災者、引揚者、七九三戸、二、五七一人

戦争被害による転入者のために、一般市民は、四、三〇〇点の援護物資、ストーブ、鍋、釜、食器、衣類などを供出した。

（『帯広市史』から要約引用）

昭和二〇（一九四五）年末現在の戦争被害による転入者（注・復員者は要援護者だけである）

引揚者	戦災者	疎開者	復員者	合計
二二五戸	三七三戸	一七三戸	三二戸	七九三戸・二、五七一人

（『帯広市史』から引用）

昭和二〇年、十勝の大凶作

昭和二〇（一九四五）年。この年は冷害大凶作。食料事情が一層悪化した。大凶作の程度を昭和一七（一九四二）年、一八年（一九四三）、一九年（一九四四）、二一（一九四六）年までの主要作物の反当たり平均収量と比較する。

水稲、四ヶ年平均約二一六キログラムに対して、冷害年、昭和二〇（一九四五）は、二キログラム（〇・九パーセント）の収量。玉蜀黍、約一六六キログラムに対して一七キログラム（約一〇パーセント）。大豆、約一三六キログラムに対して二五キログラム（約一八パーセント）。小豆、約一二七キログラムに対して四七キログラム（約三七パーセント）。隠元豆、一〇〇キログラムに対して一八キログラム（一八パーセント）であった。

十勝の作物別反当たり収量（昭和二〇年は大凶作）

	昭和一七年	昭和一八年	昭和一九年	**昭和二〇年**	昭和二一年
水稲（キロ）	一七四	二三五	二三四	**二**	二二〇
小麦（キロ）	一〇二	五六	六九	**七三**	四六
大麦（キロ）	九七	五五	六九	**六九**	五三
燕麦（キロ）	一〇八	六〇	九一	**五五**	六二
馬鈴薯（キロ）	一、二七〇	一、一六〇	一、一五〇	**八三二**	一、一一〇
玉蜀黍（キロ）	一五九	一七三	一七八	**一七**	一五二
蕎麦（キロ）	八七	八四	八八	**五一**	九二
豌豆（キロ）	九三	八三	七九	**五一**	七九
大豆（キロ）	一二六	一四七	一四〇	**二五**	一三三
小豆（キロ）	一三四	一三五	一二八	**四七**	一一二
隠元豆（キロ）	一二二	八七	一〇三	**一八**	八八
甜菜（キロ）	一、五二〇	七八四	五六二	**五六五**	七三七
亜麻（キロ）	一六六	一五五	一七四	**一七〇**	一三六

（『日高・十勝・釧路の作物統計』引用）

音更・戦中、戦後の農村状況

後藤繁一著「六十五年の足跡」から、当時の農村の様子を要約して紹介する。

裸足で馬仕事

「昭和一九（一九四四）年頃から昭和二四（一九四九）年頃まで、どの人を見ても、つぎはぎだらけのオンボロ衣服だった。夏になると、農家はズボン一枚、裸足で馬仕事までやった。よく怪我をしなかったものだと思う。それでも食糧供出者には報償として、多少の衣料品が配給になったので、生産をあげる農家は、少しは助かった。

ゴム長靴、地下足袋がほとんどなくなる

軍隊が解散になった翌年には、軍隊の被服類が農家にも配給されたので、皆、ホッと一息ついた。ゴムも戦用物資として重要な物の一つなので、民間にはほんの僅かしか廻らず、ゴム長や地下足袋もほとんどなくなった。夏は裸足でも過ごせたが、冬はそうはいかない。捨ててあったゴム長を探して履いたり、ツマゴ（稲わらの靴）を作って履いた。

ゴム長直しが繁盛した。小樽に送ると、どんなボロ靴でも電気焼き付けで、どうにか履けるようになおしてくれた。通学の生徒は下駄や草履が多くなり、たまあに通学用ゴム靴の配給があっても、数人にしかあたらなかった。自転車のチューブもなくなって、乗ることができなか

った。

農業をやっていても、食料がなかったとは、信じられないような事実だった。生産した食糧は、強制割当てで、供出させられた。全部出荷しても、まだ、責任割当量に満たない農家もたくさんあった。

食糧難、飢餓一歩前

生産した麦も、薯も、玉蜀黍も供出させられ、米の配給はほとんどなくなり、やむを得ず燕麦（えんばく・馬の飼料）の皮を剥いて食用にした。それが終戦前後、数年間の畑作農家の実態だった。

生産農家でさえ、そのような状況だったので、配給に頼る市街地の人たちの食糧難は、正に、飢餓一歩前というべきものであった。遅配、欠配続きの穴埋めに、手持ちの衣服を持って食料と交換に出かけるのが、日課のようになった。

そうして交換した薯や澱粉粕などが、代用食という名で、主食の座を占めるようになった。砂糖や塩もなくなった。砂糖の代わりには、ビートを煮出して使うことが、農村でも市街地でも仕方がなく行われた。

塩の買い出し

ミツバチを飼う人が、急速に増えたのも、この頃である。塩は、時折、岩塩の苦っぽいのが配給になる程度で、必要量の半分にも及ばなかった。やむを得ず、豆や薯などの食料と交換して手に入れた。浜の人たちは、毎日、海水を煮詰めて塩を作ることに懸命であったという。

酒、煙草、お菓子などの嗜好品も、勿論、無くなった。憂いも喜びも、酒がなくてはすまされぬ日本人、悪いとは知りながら酒の密造が半ば公然と行われた。葬式や婚礼の場合だけ、申請すれば二升程度の特配があった。

タバコの代用

煙草を止めるのは、酒を止めるよりも苦しいという。煙草がなくても吸わずにはいられず、イタドリ、ヤナギ、ブドウの葉を乾かして吸ったり、玉蜀黍の毛まで煙草の代用になった。専売局でもイタドリの葉を大量に買い込んで、煙草に混ぜるようになった。

終戦後も、四年間、煙草の配給制が続いたので、国が親心で配給してくれるのを吸わないのは損だとばかりに、喫煙者が増えていった。

ビート（甜菜）の煮汁

お菓子の欠乏は、まことに徹底したもので、何一つ製造されなかった。ビートの汁で味をつけた自家製の煎餅《せんべい》、饅頭《まんじゅう》、金つば、ベラ焼きなどが子供たちの口に入るお菓子らしいものであった。玩具も、絵本も果物もない頃だったので、それが、親として唯一の子供たちへのサービスだった。

ドン豆屋が繁盛したのも、その時からで、大豆、玉蜀黍、米などを爆弾（熱した圧力釜で作る）にして、子供たちにも与えたし、お客さんにも出した。その頃は、結構うまいと思った。

市街へ出ても、一杯の食物にもありつけず、汽車に乗ろうにも、切符が買えず、病気をしてもろくに、薬もないという苦しい時代だった」。

（『音更百年史』から要約引用）

戦後の超インフレ

昭和二一（一九四六）年、昭和二二（一九四七）年は、インフレーションのピークであった。ヤミ物価に追随して公定価格も幾度か改定された。

昭和二一（一九四六）年上半期で、米一升（一・五㌕）の公定価格が、二円八八銭に対して、全道平均四一円六〇銭になり、一四・四倍になった。醤油一升（一・八㍑）の公定価格六円が、全道ヤミ値平均六〇円、一〇倍。砂糖一〇〇匁（三七五㌘）公定九〇銭が、全道平均ヤミ価格八九円、約九九倍。ビール一本三円が、帯広で二五円、半年で八・三倍になった。

（『士幌の歩み』から要約引用）

新円切替え

昭和二一（一九四六）年二月一七日。政府は、物価の高騰に対して、「新円の切替え」を行った。旧円を三月七日までに全部、銀行（銀行は預金）、郵便局（郵便局は貯金）などに強制的に預金、貯金させて封鎖をした。一人当たり一〇〇円を旧円から新円の切替えを行い、以後、旧円の流通を禁止した。

封鎖預金からの現金引き出しは、毎月、世帯主三〇〇円、世帯員一人につき一〇〇円以内に制限した。勤労者の給与は、月額五〇〇円を限度にして、新円で支給され、残りは封鎖した。昭和二一（一九四六）年三月。物価統制令を公布し、強力に推進した。預金の封鎖など行った結果、次第に物価も沈静し生産も回復してきたので、昭和二三（一九四八）年七月、封鎖預金が解除された。

（『士幌の歩み』から要約引用）

士幌・ヤミ市の氾濫

戦争末期から終戦直後まで非農家も空地を耕し、食料確保のため作物を栽培した。住民は、明治時代の開拓生活に戻って山菜の代用食を工夫して飢えをしのいだ。

都市からの買い出しが農村を訪れ、澱粉雑穀などを買い、士幌線や拓殖鉄道は、買い出しの人々でいっぱいになった。

昭和二二（一九四七）年、二三（一九四八）年頃の話として、澱粉一車、大豆一車を運んで行って、塩二車と交換し、村中の漬物の塩をまかなった話、ビート、大豆、燕麦を台車で運び、農村電化の電線と交換した話、拓鉄中音更駅が、ヤミ雑穀の積み出し駅になっていたなどの話が残されている。

（『士幌の歩み』から要約引用）

清水・タケノコ生活・買い出しと物々交換

汽車の切符の購入が難しい当時、買い出しの人たちは、朝早くから駅で行列して一枚の切符を手に入れ、大きなリュックサックを背負って、満員列車に乗った。午前中の列車が、清水駅や御影駅に到着すると、駅に降り立った大勢の人波は、そのまま、農村を目指して歩いた。

リュックの中には、農家で食料と交換してもらう品物、主に衣料品が入っていた。着ている物を食糧と交換するので、「タケノコ生活」と呼ばれた。

そのうち、農家でも都会からの交換品の衣料品があふれだし、衣類程度では簡単に交換に応じなくなった。そのため、様々な品物が交換に登場した。

橋本日記

次のように記述されているので、紹介する。

昭和二〇（一九四五）年一一月一八日。

歌志内から買い出しが来て、とうとう未粉(澱粉)三貫(一一・二五キログラム)と柾釘三〇〇匁(一・一二五キログラム)と交換する。

一二月一二日。

綿を持って買い出しに来たので、未粉一〇貫目(三七・五キログラム)、大豆五升(大豆一升は一・二九キログラム。六・四五キログラム)、イモ六貫目(二二・五キログラム)と交換する。

昭和二一(一九四六)年三月二六日。

ランプ一組を世話すると云ってきたので、ニワトリ二羽と交換することを頼んだ。

昭和二二(一九四七)年六月二六日。

函館から買い出しに来て、ワカメ、イリコ(イワシなどで作る煮干し)など、全部交換して、三斗五升(食料は不明)ほどあげた。

暴徒化した買い出し

そのうちに、集団で強制的に買い出しを行う人たちが現れた。空知地方の炭鉱地帯を中心とした買い出し者たちである。狙われた各地の澱粉工場では、半ば暴徒化した買い出し者たちに製品の澱粉などが持ち去られた。

昭和二三(一九四八)年の秋。御影村でも、強制的に行う買い出し者たちが、御影行きの切符を買って列車に乗ったという情報が入った。これを知った御影農協では、組合倉庫にカギをかけて職員が待機、ぞろぞろと押し寄せた買い出し者たちに用意した、二番粉の袋を少しずつ渡して、無事引き取り願ったということもあったという。

（『清水町百年史』から要約引用）

芽室・塩の買い出し

塩は、人間にとっても、農耕馬や乳牛などの家畜の健康を保つために必要なミネラル、食べ物である。

終戦後、無事、帰還した私（編者）の父は、配給だけの塩では、家族や家畜に与えるには少なすぎるので、釧路の東、昆布森まで、塩の買い出しに出かけた。

畑作農家なので、豆などの食料を持参して、塩と交換し、六〇キログラム入りの俵を担いで、釧路駅まで、一〇キロほどの距離を歩いたそうだ。

芽室・イモの食べ過ぎで嘔吐

終戦前後の食糧難は、想像を絶した。私（編者）の母が話していたことを紹介する。

幼い子供を連れて、若い母親が歩いてやってきた。少しの衣類を持って、食べ物と交換して欲しいという。『どちらから来たの』と聞くと、『函館』という。

遠いところからわざわざやって来たので、母は、馬鈴薯を煮て食べさせてあげた。ところが、何日もほとんど食べていなかったらしく、親子は夢中になって、薯の塩ゆでを食べた。すると、急にたくさん食べたので、嘔吐してしまった。よほど空腹だったのか、気の毒に思ったそうだ。

父は、終戦間近、函館近くに駐屯していた。その時の話として、函館周辺の道路沿いや野山の食べることのできる野草は、ほとんどなくなっていたという。人々は飢餓状態だったのだ。

芽室・兵隊さんの防寒帽、外套

私（編者）の小学生時代（昭和二七〜三二年）、日本が戦争に負けてから、七年以上過ぎていた。冬期間、兵隊さんが使用していた防寒帽をかぶって、学校に通っていた同級生も二、三人いた。上靴もなく、すり減って破れている毛糸の靴下を履いている同級生もいた。

帽子のない同級生もいて、朝、学校にやって来るとき、耳を凍らしてしまった。教室の中は、石炭ストーブで暖かい。急に身体を温め、耳を温めてしまい、耳が膨張し、しばらくすると、耳の皮が剥けてただれてしまった。そのような同級生がいた。現在、思い出しても可哀想な時代だった。

隣の農家の主人は、馬ソリに乗って出かけるとき、兵隊時代の軍用外套を着ていた。私の小学生時代頃まで、ゲートル、軍靴、軍服など、普通に見られた。

上札内・物々交換と闇商売

戦後、物々交換が流行った。都市や街から、漁村から食料を求めて、農村に、ぞくぞくと買い出しにやって来た。街では生きるための闇商売が盛んに行われた。

穀類が統制されていたので、毛糸、布地、ゴム長靴、日傘、コウモリ傘などいろいろな物を持ち込んで穀類と交換した。官憲の目を逃れて闇市へ流すためである。農村も食料不足とは言え、都会に住む人々にとっては、農村地帯は、食糧基地のように思えた。

ただし、農家も供出制度があり、余分な物はなく、自家用にもこと欠いていた時代であった。燕麦の皮を剥ぎ精白にして食べたり、トウモロコシの挽き割りや馬鈴薯の団子、カボチャなどを常食していた。そのため、皮膚が黄色くなったほどである。

農家にとって貴重な物は塩であった。なかなか手に入らないため、夜、密かに、なけなしの穀物と交換することもあった。

衣料不足もひどいものだった。つぎはぎした衣服を着るのは普通のことで、古いゴム靴の傷んだものに、ボロ布を縫い付けて履いた。縫い付けるにも、縫い糸でさえ衣料切符が必要で、なかなか手に入らなかった。履き物は、ひと昔前のワラ靴が登場した。

上札内や周辺の集落にも、物々交換のために毎日、多くの人たちがやって来た。不思議なことに、市街地より少しでも遠いところに、多くの人たちが訪れた。

こうした買い出しの混雑を暖和するため、昭和二〇（一九四五）年二月、広尾線鉄道の座席が撤去された。一人でも多くの買い出し客を乗車させるためであった。

（『源流・上札内開基八十周年記念誌』から要約引用）

池田・買い出しの取締

昭和二〇（一九四五）年は、記録的な冷害年だった。十勝の米の平均反収は二㌔㌘、収穫皆無の状態だった。

大凶作のため、配給用食糧を確保するため、農家は、強権発動により食料の供出をさせられた。引揚者や復員軍人による緊急開拓入植が行われ、荒れ地や新墾地の開墾が進められた。農家自身もイモ、カボチャを常食として、澱粉団子、蕎麦《そば》はご馳走だった。燕麦の皮を剥いて食べたり、玉蜀黍《とうもろこし》のお粥が主食だった。山菜のフキ、ワラビ、ウドを食べ、保存食にした。

農家でさえ、食べ物のない時代であり、都市の食料不足は深刻な状態だった。毎日、遠くの函館や札幌、釧路から買い出しにやって来た。

食料を買い出しに来る人たちは、お金がなく、なけなしの着物や洋服をもってきたり、配給の横流し品を持ってくる人もいた。

当時、女の人でも、五〇㌔㌘から七〇㌔㌘ぐらい運んだ。力の強い人は、六〇㌔㌘を背中に背負い、両手に二〇㌔㌘ずつ持った人もいた。無事、家にまで運べた人は運が良く、途中、警察の取締に出会い、背中の食料を没収されることもしばしばあり、不幸な人もいた。

（『千代田開拓百年史』から要約引用）

池田・食糧統制法・飛び込み自殺

戦後の混乱期、食糧難のため、ヤミ食料に頼らなければならなかった。タンスの中の着物を一枚売り、二枚売って、ようやく食いつないだ。俗にこれを「タケノコ生活」と云った。一枚一枚、タケノコの皮を剥がすように、衣服が食料と交換され、なくなっていくからである。

苦労して手に入れた雑穀などの食料をリュックに入れ、背負っての帰り道、違法なヤミ品として、警察に捕まり、取り上げられることも、しばしばあった。士幌では、警察にヤミ品の取り調べを受けた後、悲観して士幌線に飛び込み自殺を図った人もいたという。

東京では、地裁の判事が、食糧統制法を守り、ヤミ食料を食べず、餓死した事件があった。これは、多くの人々が知る有名な出来事だった。

（『池田町史・上巻』から要約引用）

池田・畑の借り賃、七人工、二一人工

町内の及川守也さんの買い出しの思い出を紹介する。

塩もヤミ製造

「たった一枚の切符を手にいれるため、朝早くから窓口に並んだ。列車は、満員で中に入ることができず、汽車の窓から中に入った。すし詰めの列車だった。

塩が欲しくて釧路の尺別まで行った。尺別の漁師も塩の製造は、ヤミの製造である。こちら

から持って行った食物との交換である。その食料は、町内の農家で分けてもらった食料である。衣料、ゴム靴、砂糖との交換した食料だった。

畑を借りる

この頃、農家の畑を借りて、食物を栽培した。一反歩の畑を借りるのに、七人工と云って、一人、八時間働き、七日間労力を提供する。私は、三反歩借りていたから、二一人工で、農家で二一日間、出面（アルバイト）取りして借りた。けっこう大変なことだった。農家も働き手がないので、このような方法をしたのであろう。

立派な密造酒

また、酒の好きな人は、ドブロク（濁酒）を作った。デンプン、トーキビ、キューバ糖など原料として作った。勿論、ドブロクも、立派な密造酒で、警察や税務署に見つかれば、検挙された。ドブロクならまだしも、薬用アルコール（メチルアルコール）を水で割って飲み、失明など不具者になった人もいたという時代だった」。

（『池田町史・上巻』から要約引用）

第七章
終戦後の引揚者、復員軍人の緊急開拓入植

緊急開拓の開始

終戦の昭和二〇（一九四五）年から昭和二二（一九四七）年までの日本の人口の増加は、約六二二万人。このうち、引揚者は、約四五六万人。総人口は、約七、八六三万人となった。当時、国内の米の生産高は、約六、〇〇〇万石（一石は一五〇キロ㌘、九〇〇万トン）。台湾、朝鮮などから一、〇〇〇万石（一五〇万トン）を移入し、必要量を確保していた。

これが、終戦の年、昭和二〇（一九四五）年は、破局的な凶作のため、収穫高は、三、九〇〇万石（五八五万トン）となり、人口が増加したこともあり、食糧不足は日本人の死活問題として、政府はもとより占領軍にとっても、最も優先する緊急の課題であった。

戦時中、戦後、日本国内は慢性的な食糧不足状態にあった。食糧、働き場所確保のため、引揚者による緊急開拓入植が各地で始められた。

昭和二〇（一九四五）年一一月。「緊急開拓事業実施要領」の閣議決定により、戦後緊急開拓が始まった。緊急開拓方式を要約して紹介する。

一、国が開発に必要な用地を取得し、開拓財産とする。
二、開拓財産となった土地、五〇町歩以上の集団地に対して、全額国費支弁による開墾を実施。重抜根、農道、用水施設、簡易軌道、耕地防風林などの建設工事、開墾工事など。
三、入植者を募集、選考して土地を配分し入植させる。

四、入植者の共同居小屋、共同倉庫、小学校分教場、研修世話所などの入植施設を全額国費で建設する。
五、営農資金を融通し、各種の営農指導を行う。

この「緊急開拓事業実施要領」は、終戦直後の混乱の中で作成された。応急措置で不備な点が多く、実施に当たり、いたるところで問題が生じた。その後、開拓事業の実施方式は、次のように改正（要約）された。

一、立地条件に応じた営農、経済効果など、総合的な調査を行い。適地選定を厳重に行う。
二、入植者の土地配分は、自立経営の安定を目的に、立地条件に応じた適正面積を配分する。
三、開拓者、その組織団体の自主開墾には、一定の補助金を交付する。重要な建設工事は、全額国費とする。
四、入植者の選考制度の確立。既存農家の経営合理化促進のため、地元増反を奨励する。
五、その他、自作農創設特別措置法による土地の買収、土地配分、開拓計画の入植前決定、速やかな土地の売渡など行う。

以後、昭和三三（一九五八）年の開拓制度の改正までの約一〇年間、開拓事業は、種々制度の補完はあったが、この方式を基礎として進められた。

（『北海道戦後開拓史』から要約引用）

戦後開拓の入植許可、四五、三六五戸、実戸数は、三六、三六五戸

昭和二〇（一九四五）年一一月。戦後の食糧増産対策の一つとして、国の緊急開拓事業が始まった。

戦後開拓で北海道が入植を許可した戸数は、延べ四五、三六五戸となっている。この中には、実際に入植しなかった者や非助成で入植した者が、その後、助成に切り換えられたり、また、行政措置による移転入植のため、再度、入植許可を受けた者などを含んでおり、その内容を分別することは、困難である。

しかし、過去の開拓営農実績調査から推測すると、大まかに未入植者、七、〇〇〇戸、非助成切換え、および、移転など再入植扱い、二、〇〇〇戸、合計九、〇〇〇戸を控除することが妥当と思われ、したがって、その残りの三六、三六五戸が、おおよその入植した実戸数と推定できる。

北海道の開拓農家戸数、一五、五六三戸

昭和四五（一九七〇）年二月一日現在、開拓営農実績調査（昭和四四年度）によると、北海道の開拓農家戸数は、一五、五六三戸であった。全道の農家戸数は、一六六五、七九八戸であり、開拓農家は九・四㌫の比率を占めている。

（『北海道戦後開拓史』から要約引用）

開拓農家の実戸数は、前記のような事情があるが、四五、三六五戸の統計数値を一定期間に区分し、入植戸数と定着戸数を示すと、次のようになる。

北海道の年度別、入植戸数と定着戸数

区分	合計	二〇年～二三年	二四年～二八年	二九年～三二年	三三年以降
入植戸数	四五、三六五	二二、五三四	一三、七八一	六、三八三	二、六六七
比率％	一〇〇・〇	四九・七	三〇・四	一四・〇	五・九
定着戸数	一五、五六三	五、六五四	四、九四九	三、一五二	一、八〇八
比率％	一〇〇・〇	三六・三	三一・八	二〇・三	一一・六
定着率％	三四・三	二五・一	三五・九	四九・四	六七・八

統計数値の全体の入植戸数、四五、三六五戸に対して、昭和四五年二月一日現在、開拓営農実績調査によると、定着戸数は一五、五六三戸、すなわち、三四・三パーセント、約三分の一が定着し、六五・七パーセント、三分の二が離農したことになる。

（『北海道戦後開拓史』から要約引用）

経営形態の現況（『昭和四四年度、開拓営農実績調査』による）

区分	酪農	酪畑	畑	田畑	田
戸数	七、四三六	六五二	二、七六五	八二一	二、六六三
比率％	四七・八	四・二	一七・八	五・三	一七・一

区分	その他	合計
戸数	一、二二六	一五、五六三
比率％	七・八	一〇〇・〇

開拓地における経営形態は、酪農が最も多く四七・八パーセントを占め半数近くになっている。酪農は道東の次に道北に多い。次に、畑と田が一七・八パーセントと一七・一パーセント、同じぐらいの比率であり、酪畑は道央、道東に多く、田は道央に多い。道南は酪畑が多い。

（『北海道戦後開拓史』から要約引用）

十勝・五、〇二八戸入植

十勝管内の開拓地は、六八、〇〇〇町歩が用意された。昭和三〇（一九五五）年頃までに、五、〇二八戸が入植した。

入植者に与えられた土地は、土壌が流出しやすい、高台の火山灰地、無水地帯、市街地から数一〇キロ離れた、陸の孤島といえるような奥地もあった。

終戦直後の物資の窮乏する中で、営農経験のない人たちが多かったこともあり、悪戦苦闘し、五年、一〇年経過しても、営農の基礎が固まらず、負債が増えていった。

二九あった開拓農業協同組合は、昭和四六（一九七一）年三月末で、六つの開拓農業協同組合が解散し、その後、次々と解散した。昭和五〇（一九七五）年三月末で、足寄、本別、豊頃を残すのみとなった。

昭和五〇（一九七五）年三月末現在、十勝の開拓農家は一、三三八戸である。

（『北海道戦後開拓史』、『足寄百年史・下巻』から要約引用）

戦後開拓の終焉

昭和四四（一九六九）年一〇月。農林省は、「旧制度開拓による入植者に対する振興対策の今後について」を通達。戦後開拓の収束方針を明示した。

これにより、それまでの入植者に対する振興対策の取り扱いは、今後、一般農政に移行させるというもので、国営代行各種開拓事業、開拓地土壌改良補助事業、開拓者資金の貸付、入植施設補助事業など、全ての事業が廃止された。

これと共に、長年にわたり、開拓農家と共に歩んできた開拓営農指導員のほとんどが農業改良普及員に移行した（中には、道、支庁の行政、高校の教員などに移行）。開拓保健婦は、農林省

所管から厚生省所管の保健所に移行した。(『北海道戦後開拓史』、『足寄百年史・下巻』から要約引用)

音更・然別地区に引揚者、復員軍人一〇戸入植

然別地区に引揚者五戸、復員軍人元中佐、大尉ら五戸が入植した。戦後の混乱と食料、物資不足、裸同然の開拓入植者は、以前、開墾できなかった悪条件の土地に入植し、苦しみを味わなければならなかった。

昭和二〇(一九四五)年から昭和二一(一九四六)年にかけて、樺太から引揚げて来た人たちは、十勝には、広い土地があるとの言い伝えを聞き、引揚援護局に申し出、十勝にやって来た。引揚寮、引揚者住宅と呼ばれたバラックに収容された。

当時、土地を無償で開拓者に与え、一反歩七〇〇円から一、五〇〇〇円程度の開墾補助金が出て、五年後に成功検査が行われる制度があった。

鈴蘭高台にある引揚者寮に入居し、出面(アルバイト・日雇)、日雇、山稼ぎなどで働いていた人たちは、食料不足の時節柄、とにかく食べていかなければならない、それなら、自分たちで食料を生産して食べればいいと、集団帰農をすることになった。

音更・大和地区に入植した開拓状況

昭和二三(一九四八)年四月二三日。大和地区に五戸、三〇人。世帯主の年齢、三九歳から

五七歳が入植した。その内の一戸の開拓状況を紹介する。

谷地坊主のある湿地帯

「昭和二三（一九四八）年。土地の状況は、谷地坊主がある湿地帯で、イタヤの大木が散在し、ヤチダモやハンノキが繁茂していた。まばらにある高いところを選んで耕し、イモ、カボチャ、トウモロコシを蒔いた。おおよそ三反歩ほどが全耕地だった。

引き揚げて来る途中、函館で支給された衣料も交換して食料に替えた。秋にイモが一五俵、カボチャ、トウモロコシがわずかで、それが全部で越年の食料として大切に保存した。

現金収入は開墾補助金

現金収入は、開墾補助金であったが、三反歩ばかりでわずかだった。入植した土地には、樹木があった。それを薪にして売った。開墾に邪魔な樹木も現金収入になり、役に立った。

配給の衣料、靴など、現金がなくて受け取ることができず、ようやく、現金の都合がついて受け取りに行くと、横流しされ、手に入れることができなかった。

開拓者の子供と差別

一方、子供たちは、開拓者の子供と差別され、貧しさから次第に無気力になっていった。家族の不平不満は極度に達した。精神的苦痛は計り知れないものがあった。

昭和二四（一九四九）年。湿地帯の谷地坊主切りをおこなった。近隣の既存農家が心配してくれた。草刈場を提供するという交換条件で、馬耕をしてもらい、七反歩ほど開墾ができた。大豆を作付けした。

この頃は、まだ、統制経済であり、農作物の自由販売は、禁止されていた。開拓者は背に腹は代えられず、ヤミで横流しをした。大豆一俵五、四〇〇円。初めてお金を得ることの喜びを味わった。

馬を見る目がなく失敗

昭和二五（一九五〇）年。馬、若駒を買い、一年間育てた。翌年、農耕馬と交換した。農耕馬購入には二〇、〇〇〇円の補助があった。二歳馬の購入には、三〇、〇〇〇円ぐらい必要だった。その差額一〇、〇〇〇円を生み出すのが大変だった。おまけに、素人なので、馬を見る目がなく、一年目は何とか働いたが、次の年は、使いものにならない老馬を買わされたりで、苦労が絶えなかった。幸いにも、大きな冷害にもあわず、順調な気候に恵まれた。

昭和二六（一九五一）年、昭和二七（一九五二）年。明渠、暗渠工事による土地改良が行われた。畑作から酪農に切替え、苦しい経営の中にも、安定の方向に向かった。

昭和四三（一九六八）年。入植した五戸のうち、二戸が離農した」。

（『然別地区八十年史』から要約引用）

音更・十勝種畜牧場用地一、八〇〇町歩余、解放

昭和二三（一九四八）年、旧陸軍兵舎の引揚者住宅に、一三二戸、五七三人収容。開拓帰農者の入植、五六戸。

昭和二五（一九五〇）年、大牧地区に戦後開拓者集団入植、四〇戸。昭和三五（一九六〇）年には、一四〇余戸という大きな団地を形成した。これは、昭和二四（一九四九）年、十勝種畜牧場用地一、八〇〇余町歩の解放によって、新しく生まれた開拓地である。

（『音更町史』、『音更百年史』、から引用）

士幌・戦後開拓入植、一一三戸

終戦で軍隊から復員した農家の二、三男、海外からの引揚者などに開拓地を開放した。昭和二九（一九五四）年までの戦後開拓入植者は一一三戸、うち離農四六戸、定着六七戸である。

（『続・士幌のあゆみ』から要約引用）

上士幌・罹災疎開者一三九戸

昭和二一（一九四六）年二月現在。罹災疎開者は、一三九戸、四四三人。

出身地は、本州方面七九戸、二五七人。道内二三戸、一〇〇人。管内二戸、三人。樺太二五戸、五四人。千島四戸、二〇人。沖縄一戸、一人。上海一戸、一人。南洋パラオ一戸、二人。支那二戸、二人。満州一戸、一人。朝鮮一戸、二人などである。(『上士幌町史』から要約引用)

鹿追・復員軍人集団、九戸入植。引揚者、三〇数戸入植

昭和二一(一九四六)年二月。旭川二六連隊に属した熊部隊が音更木野で終戦を迎え、武装解除になった軍人元中尉、大西俊治さんが中心となり、十勝開拓団を結成して、開拓地を求めた。瓜幕の国有林一五町歩、然別湖北岸から山田温泉にかけて六〇町歩の払い下げ、然別湖の漁業許可を受け、九人が入植した。

開拓事務所兼住宅には、「高地農業研究所」の看板を掲げた。農事斑と漁業斑に別れて事業を開始した。農事斑は、一五線防風林の立木伐採、農耕馬の管理を行った。端野町から一五頭購入したが、畜舎も飼料もなく、サラウンナイ原野に放牧した。飼養管理の知識経験がなく、全頭斃死した。

漁業斑は、天売島から船大工をまねき船を造り、オショロコマ釣りと払下げ地の伐採を行った。材木の販路がうまくいかなかった。経験のない集団のため、計画通りにならず、翌年には落後する者があって解散した。

昭和二一(一九四六)年。西上幌内地区に、引揚者、三〇数戸が入植。この地域は、かつて、

新田牧場を解放して小作者が入植した。高台地帯で、連続的冷害に悩まされ、ほとんどが離農した跡地だった。高台地のため、地下水位が深く、飲料水の確保が困難で家畜の飼養も難しかった。

戦後の混乱期を乗り越え、入植者は、食糧増産と安住の地を求め、営農に励んだ。山麓高台地の自然条件は厳しく、高度成長期になると、集団離農が進んだ。このため、離農跡地は、昭和四〇（一九六五）年に、町営乳牛牧場となった。

（『鹿追町七十年史』から要約引用）

新得・トムラウシ開拓

昭和二〇（一九四五）年から昭和二五（一九五〇）年。戦後開拓者は、一三一戸、開墾面積合計、二七四・四町歩。一戸当たり平均、約二・一町歩を開墾した。

昭和二〇（一九四五）年から昭和二一（一九四六）年。上佐幌、トムラウシなどに戦後開拓者が、七二戸入植した。

戦後開拓者が入植した土地は、明治、大正時代に入植した人たちに比べて、土地条件、自然条件の厳しいところが多く、開拓に当たって、多くの困難が伴った。

昭和二一（一九四六）年三月。ニペソツ地区へ三戸入植。一二月に、キナウシ地区へ復員者が一戸入植。その後、キナウシ地区へ五戸入植。ニペソツ地区へ六戸入植。

トムラウシから食料の買い出しや家事の用足しなどは、新得市街地まで四〇キロの道を歩かねばならず、一日がかりであった。

「広報しんとく」の「戦後四〇年座談会」で、石畑久成さんは、当時を次のように振り返っている。

見ていたら涙がでました

「第一回のトムラウシ開拓者として、昭和二一（一九四六）年に三人が入植しました。私は、選考委員でしたので、二〇〇人近い入植申込者の中から、原田さん、高島さん、柴田さんの三人を選びました。

選考の条件は、もちろん健康な人で、医者がいないからお産をしない人、そして、学校がないから子供のいない人の三つです。選ばれた三人は、いずれも、国鉄を辞めて入植してもらいました。

翌年、心配して様子を見に行きました。ササ屋根の家に入り、切り倒した大きな木と木の間をクワで耕し、イナキビ、ソバを蒔いていました。見ていたら涙がでましたね。

今、どこにいるのか分からなくなりましたけど、おりましたら、町として表彰すべきですね」。

（『新得町百二十年史・上巻』から要約引用）

清水・拓北農民団、五六戸入植。八紘学院関係者、一七人入植

昭和二〇（一九四五）年。拓北農民団三三戸入植。昭和二一（一九四六）年。二三戸。合計五六戸入植。上清水地区、下佐幌地区、美蔓地区の国有林保安林などの解放を受け、一戸当たり平均五町歩の開墾地を割り当てた。

入植者の多くは、農業の未経験者で、入植が終戦前後の混乱期と重なったこともあって、拓北農民団、八戸、昭和二一（一九四六）年入植者、四戸の合計一二戸が離農した。昭和二二（一九四七）年一一月までに四四戸になった。

開拓二年目、入植、四四戸のうち、住宅建築は予定を含めて一〇戸。半数が自家用の食料や家畜の飼料不足だった。インフレにより馬耕費の高騰などで開墾も遅れた。

昭和二三（一九四八）年。石山地区の民有地に、札幌の八紘学院の卒業生が五人入植した。八紘学院は、昭和六（一九三一）年に札幌月寒に開校。戦前、卒業生は南米、満州、モンゴルなどで活躍。戦後は、農業実習を通じて農業中堅技術者の養成などの役割を果たしている。現在の八紘学園・北海道農業専門学校である。

石山地区は、以前、一〇〇戸近く入植していたが、火山灰地に加えて、日高山脈山麓の丘陵地帯の厳しい土地条件のため、離農していった、いわば見捨てられた開拓地だった。

五人の入植者たちは、開拓地に残った古い開拓小屋で、共同生活をしながらササ薮を開き、馬耕を駆使して開墾を進めた。

石山地区には、その後、満州から引き揚げた八紘学院関係者など一二人が入植した。各自、割り当てられた一五町歩の開拓に成功して酪農経営の基礎を築いた。

清水・春日睦男さん、六歳の時の思い出

昭和二〇(一九四五)年九月六日。春日睦男さんが六歳の時、両親と共に、上旭地区に入植した。その時の思い出を紹介する。

食料を求めて

「東京で戦災に遭い、家財を失い、着の身着たままで、ただ、食料を求めて開拓団として、両親に伴われ、一家四人がたどり着いたところが、上旭小学校だった。

当時、今の校舎の右側に、荒れ果てた旧校舎があり、そこが、私たち家族を含めた三家族が生活を続ける場所となった。

真っ暗な夜、朝日が輝く

上旭集落の人に伴われて、この地に着いた時、いつの間にか太陽が沈み真っ暗になっていた。あまりの静けさと暗さに驚き、子供心にも心細さと寂しさに不安な一夜を明かした。

翌朝、目を覚まし外に出て見ると、今まで見たこともない広大な原野に、初秋の紅葉に染め

られた木々の葉が朝露に濡れ、朝日に輝き、校庭を見下ろす柏の大木、校舎前の桜の木、その根元の大石など、自然の美しさに目を見張るばかりだった（上旭小閉校記念誌）」。

（『清水町百年史』から要約引用）

御影・満州、樺太などから六三戸入植

昭和二〇（一九四五）年。御影村では、拓北農民団の二八戸に続いて、終戦後に海外引揚者、復員軍人の就農希望者五戸を含め、三三戸入植した。

昭和二一（一九四六）年。満州、樺太など海外からの引揚者など三〇戸入植。合計六三戸入植したが、離農があり、五八戸となった。

入植地は国有防風林が割り当てられた。入植者のほとんどは農業経験がなく、開拓は困難を極め、昭和二四（一九四九）年までに九戸離農した。

（『清水町百年史』から要約引用）

芽室・戦災者、戦後緊急入植者、一九二戸

芽室には、戦時中の戦災者九〇戸（注・『芽室町八十年史』に「九一戸」と記載されているが、『八十年史』の「戦後開拓入植状況」の表に準じて訂正した）、戦後の引揚者、二、三男の復員軍人などによる緊急開拓入植が行われた。戦時中、戦後の七年間で、合計一九二戸が入植した。

出身地は東京都、愛知県、神奈川県、香川県、滋賀県などの空襲による戦災者、軍需工場離

職者や樺太、満州からの外地引揚者、復員者など各方面に及んだ。入植者の中には、農業の経験者もいたが、多くは未経験者であった。

戦後の混沌とした経済事情や開墾事業の困難、入植者に対する政府の補助政策が徹底を欠き、あるいは、営農に自信のない者、前職に復帰する者など、離農者が多く出た。

芽室・戦後開拓入植状況

昭和	二〇年	二一年	二二年	二三年	二四年	二五年	二六年	合計
入植戸数	九〇	七〇	一三	七	四	一	七	一九二
離農戸数	一四	一三	一二	六	三	四	七	五九
開墾（町歩）	〇	一七九	一二二	九七	三一	六三	三三	五二五

昭和二〇（一九四五）年から昭和二六（一九五一）年までの七年間に、大成、上伏古、美生、芽室、河北の各地区、芽室原野などに、一九二戸が入植した。その内、五九（三〇・七パーセント）戸、おおよそ、三分の一の入植農家が離農した。一戸当たり開墾面積は、約二・七町歩であった。

（『芽室町八十年史』から要約引用）

芽室・西上美生に入植

令和四（二〇二二）年五月一六日。「芽室再発見講座」で、小学校三年生、九歳の時、両親と共に入植した伊勢英男（八五歳）さんの講演があった。当時の様子を知る貴重な話、資料から要約して紹介する。

拓北農民団として

「伊勢英男さんは、昭和二〇（一九四五）年九月八日、集団帰農者、拓北農民団の家族の一員として、東京から遠く海を渡った北海道、親戚も知人もなく、聞いたことのない地名、芽室町西上美生に移住した。八人家族で、当時九歳、小学三年生の時だった。

移住の理由は、昭和二〇（一九四五）年三月一〇日の東京大空襲で、住宅が全焼し、すべてを失ってしまった。開拓農家ということであれば、子供たちに腹一杯食べさせられることができると、両親が考え決心した。

西上美生に入植

西上美生には、二戸の家族が入植した。この他、芽室町には各集落ごとに二戸ずつ開拓入植したが、二、三年の間に、ほとんどが東京に戻ってしまった。

九月に入植したので、収穫して食料になる農産物がないため、地域の農家の世話になり、秋の収穫の手伝いをして、馬鈴薯やカボチャを戴いた。
開拓地として、不在地主となっていた日甜ビート工場の土地、五町歩を付与された。その他、柏の防風林を開墾した。

老馬を安く買い入れる

春になると、畑を耕起して種子を蒔いた。農耕馬として老馬を安く買い入れた。プラオなどの農具は、近隣の既存農家から、古く使わなくなった物を譲っていただいた。馬の力を借りて畑を耕起し、畝をきって種子を蒔き、自分の足で土をかけた。作物の芽出しと生長を楽しみに働いた。

農作業の合間をぬって、柏の防風林の開墾に精を出した。切り倒した幹は、適当な長さに切りそろえ、冬の暖房用薪として売った。枝や根株は自家用とした。開墾した畑では、ソバや大根を育て、防風林の開墾は三年かかった。農業の中心は、次男の兄であった。

伊勢英男さんは、農作業をしながら芽室高校農業科に入学、卒業。北海道学芸大学釧路分校に入学。卒業後、小学校の教員として十勝管内に勤務。定年退職を迎え、現在に至っている」。

中札内・昭和三三（一九五八）年、開拓農協、吸収合併

戦後、本州や道内から開拓者が入植した。

昭和二三（一九四八）年六月。組合員七〇数名の中札内開拓農業協同組合が設立された。昭和三三（一九五八）年に、中札内農業協同組合に吸収合併し、発展的に解散した。

昭和二四（一九四九）年、二五（一九五〇）年、二六（一九五一）年に、上札内に、数名が国の防風保安林を払い下げてもらい、入植した。

（『上札内開基八十周年記念誌』から要約引用）

更別・三四八戸、入植

昭和二〇（一九四五）年。戦後の緊急開拓者が、主として、東京方面からの罹災者を中心に、四一戸が入植した。終戦間近の拓北農兵隊二〇戸を含めると六一戸である。いずれも、国有防風林に入植した。

上更別に六戸、更別に二五戸が国有林へ入植。更南地区へは、拓北農兵隊二〇戸のほか、新生地区、昭和地区などに一〇戸が入植した。

昭和二一（一九四六）年。最も入植の多い年で、満州（現、中国東北部地方）や樺太からの引揚者など一〇七戸が入植した。すなわち、豊郷地区には、満州の八紘村から二九戸。新香川地区には、満州から一七戸。樺太からの入植者は、昭和二一（一九四六）年から昭和二八（一九五三）年頃まで続き、四一戸入植した。

この他、大阪、広島などの戦災都市からの罹災者、終戦により地元に帰還した二、三男が、それぞれ村内各所の国有林に分家入植した。

更別には、昭和二〇(一九四五)年から三四(一九五九)年までに、三四八戸が入植した。この内、二一九(約六三パーセント)戸が離農し、一二九(三七パーセント)戸が定着、営農を行った。

更別・柏林集落の誕生

昭和二〇(一九四五)年一〇月。荒木六七八さんら東京からの戦災者六戸、二六人が、熊部隊の三角兵舎跡に入った。柏樹林の中には、熊部隊の弾薬庫、火薬庫などが点在していた。

昭和二一(一九四六)年。後藤文平さんら二戸が入植。

昭和二二(一九四七)年。真鍋勇(樺太)さんら一〇戸が入植。

昭和二三(一九四八)年。富士野説三(広島)さん、山本源三(広島)さん、渡辺次郎(樺太)さんら八戸が入植した。

国有林内に入植した約二〇戸ほどの開拓者は、それまでの香川南地区から独立した。入植当初、柏の巨木が多くあり、柏の葉は、どんなに吹雪になろうと、枯葉は、落ちないということから、「柏林」と名付けた。

更別・八紘開拓団と豊郷地区、新興地区

昭和二一(一九四六)年から二二(一九四七)年。満州の八紘開拓団が現、豊郷地区、新興地区に入植した。八紘開拓団は、ハルピンから汽車で一時間半、さらに、馬車で一時間半の元、

満州浜江省阿城県玉泉村に一二〇戸が入植した開拓団であった。

日本馬三〇〇頭、現地産馬二五五頭、乳牛一九〇頭、豚三〇〇頭を飼養した。それが敗戦とともに開拓団を解散し、逃避行を続けながら日本に帰還した。大部分の人たちは他に職を変えたが、極度に食糧事情の悪い時代なので、更別と日高（約一〇戸）に入植した。

昭和二二（一九四七）年三月。更別には二九戸、一一九人が入植した。旧国道から八号までの国有林地四五〇町歩が八紘開拓団の可耕地であった。入植当初から約二年間は、開拓居小屋で共同生活をしながら、共同で開墾作業を進めた。

昭和二三（一九四八）年から昭和二四（一九四九）年。それまでの共同居小屋から、くじ引きで決まった自分の土地へ独立していった。その後、離農が多くなり、昭和四五（一九七〇）年一〇月現在で、七戸が酪農経営を営んでいる。


「戦後開拓二十周年誌」から、木平正次郎さんの当時の想い出を紹介する。

雪の重みで天幕がつぶれる

「入植した次の日から、冬ごもりの準備の手伝いだ。後から来る連中のことも考えて、掘立小屋やバラックの建物、薪切り、食糧は近くの農家から馬鈴薯を買って所蔵した。

一一月三〇日の雪は、翌朝までに三尺（約九〇センチ）近くも積もり、その重みで天幕がつぶれ、寝ていた人が遭難した。数少ないスコップも雪の下で見当たらず、板きれで雪をかき分けて、やっと助け出すという大騒ぎもあった。

冬は、女、子供以外は、薪切りや出稼ぎの仕事をしながら冬を越した。私も生まれて初めてヤマゴ（山子・山林の中で働く木樵など）という仕事をやった。怪しげな馬具で馬鹿にされながら、丸太の操作が思うままにならず、人一倍骨が折れた。

満州で考えた夢

やっと、春が訪れ、開墾が始まり、イナキビや麦を蒔いた。満州で考えた自分の夢をこの土地で生かしてみようと、柏の原野をあの重い根切鍬を振り上げて、根を掘り開墾した。

夏の三〇度を超す炎天下でも、新墾の鍬は休めなかった。涼しいうちに少しでもと、夜明け前の暗いうちから、三頭引きの馬にプラウを装着し、馬丈けもある野草の生え繁った大地に刃を向けた」。

昭和二六（一九五一）年一月。八紘開拓団が入植した土地は、南九線を境として、豊郷地区と新興地区の二つの集落にそれぞれ独立して別れた。八紘開拓団が入植した土地は、六キロにもおよぶ細長い集落で、道路事情も悪く、連絡にも不便であったことなどから、利便性を考え二つに分かれた。

更別・地区名、新香川

昭和二〇（一九四五）年一一月。香川団体の近藤平次郎さんが、先発隊として南一三線八号から九号付近に入植した。

昭和二一（一九四六）年の春。まだ、雪の深い頃、近藤平次郎さんを団長とする一三戸の香川団体が入植した。地区名は、直ちに新香川と命名された。この香川団体の中心は、満州牡丹江省鎌泊湖第一〇次香川開拓団の引揚者である。

昭和二二（一九四七）年には、満州からの引揚者三戸が入植した。新香川地区での開拓生活は、厳しいものがあった。飯場での飯炊き、薪切り、炭焼き、出面《でめん》（アルバイト）、冬山の藪出しなどで、かろうじて糊口《ここう》（やっと食べる。貧しい生活）を凌《しの》いだ。

昭和二五（一九五〇）年五月。一二線七号付近に、熊が寝ていた。集落では大騒ぎになった。長い棒の先に、出刃包丁を縛り付け恐る恐る近づくと、熊は動かなかった。発破の雷管を噛んで自爆したのだった。

昭和三四（一九五九）年一二月六日の朝。昭和二一（一九四六）年に入植した農家の家が全焼した。冬であり、波状地に囲まれた地形で、深夜、一軒家の火事に誰も気が付かなかった。焼け跡からは、家族四人が焼死体となって発見された。このような悲しいことがあった。

一時期、新香川地区には、一七戸入植したが、昭和四五（一九七〇）年一〇月現在、三戸だけとなってしまった。

更別・新大阪・南栄地区の誕生

昭和二三（一九四八）年四月二〇日。大阪団体一一戸が上更別に到着した。この開拓団は、大阪府がラジオなどで募集した北海道開拓団に応募した人たちで、お互いに見ず知らず同士の団体だった。

大阪団体は、団体として渡道したが、新香川地区へ二戸、柏林地区に四戸、南栄地区に五戸が分散して入植した。同年、樺太からの引揚者二戸が入植した。入植した年、昭和二三（一九四八）年に、新大阪と命名した。昭和二六（一九五一）年、南栄と名称を変更した。早く東栄地区のような安定した集落になりたいという希望を込めて名付けられた。

この地へ入植した人たちは、他の入植者と同じ苦労をした。炭焼き、出面、薬草として売れるキキョウの根採り、薪、枕木などの藪出し、賃金の多い少ないは云っていられなかった。

とにかく、働かなければ子供たちに食べさせていくことができなかった。薯をストーブの上に並べて順番に取って食べさせ、夕食代わりにするのが普通だった。砂混じりの二番粉さえ食べたこともあった。

南栄地区には、悲しい出来事があった。昭和二九（一九五四）年二月二九日の朝、自分の家まで二〇〇間（三六〇メートル）の地点の雪道で、凍死した出稼の開拓者がいた。前日、午前三時頃、猛吹雪の中、布団を背負って上更別市街から家路についた。猛吹雪で力が尽き果ててしまった。布団は途中の雪道に置いてあった。

昭和四六（一九七一）年五月現在。昭和二三（一九四八）年に入植して以来、営農を営んでいるのは二戸である。

（『更別村史』から要約引用）

大樹・二八八戸入植

戦後の開拓入植者は、昭和二五（一九五〇）年末で、総戸数二八八戸。戦災、樺太、満州など外地からの入植者や国内から大樹にやって来た人たちである。

この内、家庭の事情や旧職に復帰するものもあり、離農した戸数が一〇〇戸。一八八戸が営農を行った。

大樹・瑞穂に入植

太平洋岸の平地、戦時中は敵前上陸に備えた軍隊の進駐地帯だった。戦後、樺太からの引揚者や戦災者が、九戸入植して、新しく瑞穂集落ができた。

大樹・新生に入植

内陸部の十勝拓殖実習場の用地を開放して誕生した集落である。

昭和二〇（一九四五）年一〇月二三日。戦災者を全道各地に入植させるため、北海道行き移民臨時列車が、東京上野駅を出発した。

拓北農民隊の神奈川県川崎隊八戸は、一〇月二八日に大樹に到着した。直ちに十勝拓殖実習場の寮に入居し、ひと冬を過ごした。上野駅を出発した七戸が川崎市出身、一戸が横浜市出身である。

昭和二一（一九四六）年五月。五町歩の土地が払い下げられた。その他、元拓殖実習生四戸が入植した。合計一二戸となった。

ところが、拓北農民隊の八戸のうち、川崎出身の七戸は、一、二年の間に離農して、川崎に戻ったり、各地に行ってしまった。残ったのは横浜出身の一戸である。

大樹・光地園に入植

光地園は、標高三四〇から三六〇メートルの高台。戦前は樹木が茂り、短角牛が放牧され、戦時中は馬が放牧されていた。

昭和二二（一九四七）年六月。樺太からの引揚者、吉田敏夫さん、菅原万寿さんの二人が、大樹役場開拓係を訪れた。北海道開拓部と樺太引揚者帰農組合の紹介で、振別山（光地園）の開拓地に、約五〇戸の団体を入植させて欲しいと申し入れをした。

札幌月寒引揚収容所に待機中であり、その後も引き揚げて来るので、一部でも先に入植させて欲しいと願い出た。引揚者は大半が農業経験のない役人、会社員、商人、教員などであった。

八月五日。吉田敏夫さんら一四人が入植のため、役場に訪れた。家畜市場の受付所建物に仮住まいしながら、翌日から、若い者は、現金収入のため、日通人夫に、大工のできる者は開拓地の小屋がけに、他は、食料確保のために、農家の出面（アルバイト・日雇）に行き、馬鈴薯、麦、豆類をもらうなど、組織的に活動が始まった。

大樹・光地園の入植責任者、吉田敏夫さん

当時の入植責任者、吉田敏夫さんは、次のように話している。

第二の故郷

「私も若かった。大樹への入植は一四戸だが、続々と引き揚げて、ここに集まるはずだし、樺太時代や月寒の収容所にいるときに比べて、素晴らしい希望を持てるし、第二の故郷を得た気持ちで、全員、人が変わったように明るさを取り戻している。

一番困ったのは、月寒で、八月まで、食料配給を受けて食べてしまっていた。当時、大樹では、四月分の配給中で、食料営団の主任に再三頼んで、特配として馬鈴薯三〇俵余り配給を受けた。その恩は、未だに忘れられない。

朝から皆で泣く

受け取るときにお金がない。当時の矢野開拓主任に泣きついて、一ヶ月分の月給五〇〇〇円を

そっくり借りて支払った。このご恩も心に焼き付いている。

また、朝、寒々とした小屋の中で、鍋の中で白い物が沸いている。今は、亡くなった菅原万寿さんが、今村郵便局長から山羊の乳と野菜とともにくださったことを知らせてくれたので、皆でドンブリに分けて飲んだ。厚い温かい心づくしに、朝から皆で泣きました。

そのうち、病人も出る。月寒との連絡、入植手続きもしなければならないので、菅原万寿さんと飛び回った。当時の農業会の一円長三会長はじめ、関係の方々から親切に面倒を見てもらった。当時の世相としてありがたいことで、口にいわれぬ苦労をしました」。

光地園と命名

光地園（「光が地に一面に輝く園」の意）と命名。以後、五〇戸入植。小屋五棟に共同生活、昭和二五（一九五〇）年に、開墾が終わって個人経営となる。その後、離農が進み、現在は、乳牛育成牧場として、町内の酪農家に利用されている。

（『大樹町史』、『新・大樹町史』から要約引用）

大樹・「組合回想」精算人代表、吉田敏夫さん

昭和五三（一九七八）年発行、『大樹町戦後開拓史』から、大樹町開拓農協協同組合、精算人代表、吉田敏夫さんの「組合回想」を要約して紹介する。

入植地の配当

「私等が振別（確か三、〇〇〇町歩ともトド山とも、いわれていた）の高原地に入植したのは、昭和二二（一九四七）年八月だった。当時、この地帯は、十勝支庁の手により入植者の区画割を始めていた。それを手伝いながら入植地の配当を受け、開拓の手を振るい始めた。

開拓者連盟

当時、すでに、大樹村（現・忠類村を含め）には、開拓者が一五〇戸ぐらい入植していた。開拓者連盟という立派な組織もあり、非常に活発な運動をしていた。私等も、その組織に加入させていただいた。

開拓者連盟の忠類の方々では、山内重信、鈴木、大野、岩松の各氏、大樹では米山、堀内、樺沢、山下の各氏が盛んに活躍していた。

勿論、昭和二二（一九四七）年といえば、敗戦後二年の歳月を経過しているだけ、その時の政府のキャッチフレーズは、失業対策と食糧増産だった。これらの目的に沿い、澱粉粕と馬鈴薯などを常食にして、ひと鍬ひと鍬、二メートルもあるササの密生地帯を耕していたことを思い出すと、我慢して良くやったものだと、背筋の寒くなる思いがする。

大樹村開拓農業協同組合の誕生

こんな生活環境の中で、政府では、営農資金を貸し出すことになった。これは、農業協同組合法による法人の設立を前提条件とするもので、開拓者連盟では討議に討議を重ねた結果、出資組合として大樹村開拓農業協同組合を昭和二三（一九四八）年六月に誕生させた。

創立当初の組合長は吉田敏夫、専務理事、古住基、常務理事、田辺太郎、代表幹事、堀内良朔、職員一名で発足した。

翌、昭和二四（一九四九）年、忠類村が大樹村から分村し、開拓農協も分離してそれぞれ独立した開拓農協になった。

開拓農協の下部組織には、各集落ごとに班長がおり、集落の意見取りまとめをする一方、一般農協の実行組合長的な性格を持っていた。したがって、班は、連盟の下部組織であったのが、そのまま鞍替えしたものであり、入植者数の少なかった班の集落は、二名から、多い班で三〇名以上の集落もあった。入植者数にこだわらず、集落別に代表が互選され、地域の特殊性を代表する団体でもあった。

開拓営農指導員制度

大樹町の地区は振別、拓北、萠和、日方の四大地区に分けられ、各営農類型を異にして指導がされていた。この頃から開拓営農指導員の制度によって、それぞれ独特の指導がされるようになった。

この四地区は、多少の組合員の増減があった。入植者の最も多い時代には、それぞれ六〇戸程度が入植しており、合計二四〇戸の世帯があった。

これらの入植の世話指導には、役場に開拓係が置かれ、十勝支庁からは開拓営農指導員が大樹町に派遣された。入植者の生活から各戸の営農設計まで、あらゆる面で、親身の相談に乗って頂いた。この制度は、開拓打ち切りの昭和四四（一九六九）年まで続いた。

大冷害と多くの離農

敗戦直後の混沌《こんとん》とした社会状況で、食糧増産という使命のもと、荒れ果てた広漠とした原野を切り開き、農作物を生産しなければならない毎日、一日の生活の中で、食物もなく、資金もなく、裸一貫、肉体の酷使の連続であった。指導する指導者も、受け入れる入植者も、真剣そのものだった。

今、考えてみれば無駄な作業もあった。考えの足りないところもあった。ただし、食糧増産一筋に脇目を振らず、創意と工夫をこらし、生き延びてきたことは確かであり、偽りのない事実である。

入植当初から開拓農協の解散まで、順調に進んだのではなく、昭和二九（一九五四）年、昭和三〇（一九五五）年、昭和三九（一九六四）年、昭和四〇（一九六五）年の二年続きの大冷害が二回あった。勿論、その都度、開拓農協の組織をあげて政府に対策を働きかけ、災害資金の貸し付け、救農土木工事などで急場をしのいできた。次年度には、後遺症として、必ず多くの離農者を出した。

開拓制度の打ち切り

ただでさえ基盤の貧弱な開拓者には、もう一年、営農を支える梃子《てこ》も制度もなかった。ひとたまりもなく崩壊（離農）するより他なかった。

昭和三九（一九六四）年、昭和四〇（一九六五）年の大冷害は、本町のみならず、全道の開拓者にとって再起不能の打撃を与えた。

昭和四二（一九六七）年を目処に、政府は、あらゆる開拓制度を打ち切り、開拓農家も既存農家と同様に扱うことになった。その結果、一般農家並の農業者に取り扱ってもらうため、開拓者を一般農家並みとそれ以下の者に分けた。一般農家並の開拓者五三戸が農協に引き取ってもらった。それ以下の者には、離農資金を出し、離農を勧告した。その中間のものには、借入金の減免という策で、中途半端のまま世に放り出した。

この制度の結果、本町における開拓者で残った戸数は、七七戸である。最盛期の三分の一に相当する。その内、農協で開拓者資金を引き受けてもらった戸数は、四二戸である。他は所詮、三類農家として借入金の減免で、農業を維持するかどうかは、本人次第ということになり、投げ出された結果になった。

開拓農業協同組合の解散

戦争疎開に始まり、戦後緊急入植に受け継がれ、開拓制度による開拓農業の終息を告げられることになった。昭和四六(一九七一)年一二月一七日、本開拓農業協同組合は解散を決議した。

解散決議後、当時の役員の清算人に選任された。以来、昭和五〇(一九七五)年八月、北海道開拓農業協同組合連合会の解散による債権(借金)の放棄まで、約二〇余年間にわたる長期間の政府資金、改善資金、公庫借入金、自作農維持資金、及び、流用金の処理などの調査、支払い、及び、減免などについて、あらゆる努力を傾け、精算に従事し、昨年(五二年)、一〇月、公庫資金の決済により、その任を終えた。

顧みれば、終戦後の混乱の中から、這い上がり、もがきながら皆さんと共に苦しみ、三〇年後の今にして、冷静に過ぎた日々を顧みることができる長い過去、これが開拓農協の歩んだ道とつくづく感じる。

ここに、最後まで、組合員であった方々、やむなく離農された方々のご健康を祈り、半ばで開拓の志を遂げず、故人となられた方々のご冥福を祈り続けたいと思う」。

大樹・「入植当時を省みて」東和地区　上野巳之吉さん

昭和五三（一九七八）年発行、『大樹町戦後開拓史』から、東和地区の上野巳之吉さんの「入植当時を省みて」を要約して紹介する。

布団の上が真っ白

「私は、農家の四男として生まれた。昭和二一（一九四六）年に、戦後開拓者として、知事より開拓者としての適確証をもらい、現在の東和地区に入植した一人である。

当時の配当面積は、五町歩足らずだった。初めは、本家からの通い作で、今の土地に入るまでは、朝早くから金輪の馬車で通い、人力で小経木の抜根を行った。現在のようにブルトーザがあるわけではないので、根切り鍬で一本一本掘り取った。日が暮れる頃まで、作業をして、日中の疲れで帰る途中、居眠りをして何度か馬車から落ちそうになった。

その間、最初に、昭和二二（一九四七）年春に、草葺き屋根の掘立小屋を建てて住んだ。翌、昭和二三（一九四八）年五月に、補助金を貰って、居小屋を建てた。翌、昭和二四（一九四九）年春に、東和地区に移った。家族は五人だった。

当時の居小屋は、皆さんご存じの通り、雪が降り、風が吹くと粉雪が舞い降り、朝起きてみると、布団の上が真っ白になるような粗末なものだった。

補助金目当ての開墾

この間に開拓した土地は、約四町歩だった。現在地に移ってから、明けても暮れても人力抜根で、耕地を二頭曳新墾用プラオにナタを付けて、人馬一体となって耕し、汗を流した。この開拓に反当たり四、〇〇〇円の補助金があった。補助金目当ての開墾で、この補助金が非常に生活に役立ったことは言うまでもない。もし、この補助金がなかったらと思うと、身の毛がよだつ思いがする。

昭和二五（一九五〇）年には、五町歩の増地となり、販売作物の面積も増えて、経営面積九町歩になった。このような状況で、秋の収穫が終わると、薪を家の側に集め、切っている暇もなく、すぐに、出稼に出かけた。薪切りは妻がした。

出稼が終わると馬車追いとして働いた。この間、粗衣粗食の生活だった。何とかして、一日も早く、このような状況から抜け出して、一人前の農家になろうと心に誓って頑張った。

電灯がまぶしい

昭和二六（一九五一）年には、全戸、電灯を付けようと期成会が発足した。組合員が一体となって労力奉仕をして完成。送電されたときは、まぶしいぐらいで、暗いランプともお別れした。

これらにかかった費用は、一戸あたり六〇、〇〇〇円だったと思う。当時のお金では大金だった。この事業完成までには、役職員のなみなみならぬ苦労があったことと思う。早速、なけなしのお金を出して、中古のラジオを買い入れた。ラジオのニュースを聞くのが楽しみだった。その内、テレビが隣に入り、子供たちは、プロレスともなれば、我が家のようにして隣に行き、テレビを見ていた。隣に迷惑がかかるので、私も、テレビを買おうと思ったが、先立つ物はお金、それから二年後に中古のテレビを買い、子供たちに見せてやることができた。

大凶作、霜害

昭和二九（一九五四）年は、大凶作に見舞われた。春に蒔き付けした豆類は、発芽しても間もなく霜害にあい無残にも枯れてしまった。ただちに蒔き直して、生育も順調で、収穫の秋を目の前にしながら、またまた、九月に霜害にあい、皆無の状態となってしまった。『冷害の年には、チエンソウ、防風林にこだませり』。（編者注・盗伐のことだろうか）

倒壊寸前の居小屋

話は前後するが、昭和二七（一九五二）年に十勝沖地震があり、やっと、一息ついたところで、冷害。居小屋は倒壊寸前にかたむき、つっかい棒でかたむきを直し、筋交いを入れて大体元通りにしたが、隙間ができて、冬には、雪が入ってきた。町内では、一〇戸ほど全壊した。この人たちに比べると不幸中の幸いだった。

米を借りる

ある時、お盆に、せめて子供たちに米のご飯を食べさせようと市街に行った。いつも取引している店で一〇キロの米を買うと、お金が足りなかったので断られてしまった。

他の店に行き、米を借りた。その有り難かったこと、いまでも忘れることができず、その商店と今でも取引をしている。

夜中に豆刈り

稔りの秋、刈り取り寸前の豆畑が水に浸かってしまい、長靴をはいて豆刈りをしたことがあった。その後、土地改良も昭和三六（一九六一）年から昭和四三（一九六八）年にわたって、大明渠が完成して、昔のように畑が水に浸かるようなことはなくなった。

夜、子供たちを寝かせてから、月夜の時は、豆刈りを夜一一時頃までしたことが、時々あった。翌日、豆がはじくので、朝早くから豆積みをした。これは私だけでなく、皆、同じようなことだったと思う。

開拓農協の解散

こうして、昭和四六（一九七一）年までに、努力の結果が実り、現在では、既存農家と肩を並べるようになったのも、一生懸命働いた血と汗の結晶と思う。

昭和三六（一九六一）年から開拓農協の役員になった。何とかして開拓農協の建て直しを図ろうと皆で力を合わせたが、その甲斐なく、世の中の移り変わりについて行けず、ついに、解散となったのは、残念である。

これまでの年月を振り返ると、昨日《きのう》のことのように思われ、苦しかったことだけが、走馬灯のように頭をよぎっていく。また、時は過ぎ、我々の体力も共に衰えていくのが、目に見える。

これまで記したことは、生涯自分たちの頭の中で忘れることができないであろう」。

大樹・「人柱の有る光地園」 萠和地区　山岸吉男さん

昭和五三（一九七八）年発行、『大樹町戦後開拓史』から、萠和地区の山岸吉男さんの「人柱の有る光地園」を要約して紹介する。

それは開拓者

「満蒙開拓青年義勇軍出身者は千歳に集合。北海道庁より、このような文書を受け取ったのは、復員して数日過ぎた頃だった。千歳に第二の満州村を造るそうだ。

その文書を持って役場に行くと、町でも緊急開拓事業を行っているとのことで、今更、満州でもあるまいしと思い、申し込んできた。

終戦直後、すべての国民が味わった食料難、開拓者もその例外ではない。隔年のように襲う冷害、雪だるま式に大きくなっていく負債、住宅道路の悪条件、めまぐるしく変化する農政、既存農家でも営農意欲を失って離農する。

より基盤の薄い開拓者は、たまったものではない。当時、既存農家、開拓農家を問わず、底辺農家にかせられた合い言葉、『それは開拓者』。

そうした中で、特に、難事苦行を味わった光地園の皆さんの苦闘の姿こそ、私の生涯に脳裏から消えないものがある。

奥さんが弱々しく『どうぞ』

昭和三二（一九五七）年から昭和三三（一九五八）年頃だったと思うが、一米《メートル》余りの雪の中を開拓農協のことで、吉田さんを訪れた。帰路、○君を思い出して訪れてみた。運悪く猛吹雪となり、やっとのことで、居小屋の前まで来たとき、足元に三○糎《センチ》余りの丸太が二本、長さ六米《メートル》余りあったと思う。

『オーイ』と大声で呼ぶと、『オオ』との声と共に、ムシロ（戸がなかった）の横から見慣れた丸い髭面が出てきた。そして、『オオ、入れ、入れ』と、ムシロを上げてくれた。

冬囲いで火の気のない、薄暗い部屋の中から、赤ん坊を抱いた奥さんが、弱々しく『どうぞ』と、私の顔を見た。

その顔、その姿、背筋がゾッとしたのは、冬囲いのせいばかりでなかった。虚ろな目、痩せた頬、赤ん坊の力のない泣き声、この人が五、六年前に、初めて会った時のあの美しい、その人かと目を疑った。

外でノコを引く音がするので、ムシロの下から覗くと、○君は、長い丸太の太いところを切っていた。食事の支度と人が来たときに、ストーブを燃やすとのことで、少々の薪で暖を取りながら、現況をいろいろと話してくれた。

すべてに見放されようとしている死の開拓地の実感が、ひしひしと迫ってくる。衣食住、さらに、医療の最悪の条件の中で、同志が家族が万恨の怨みを呑んで、開拓の人柱となり、光地園の土となっていった。この世の地獄とは、このことだと怒りをおぼえた。

開拓営農指導員、開拓保健婦さん

こうした中で、開拓者の子弟の就職からお嫁さんまで、その他、本当に親身になって世話をしてくれた、歴代の開拓営農指導員、開拓保健婦さん、この人たちは、今頃、どこで光地園の空を思い出し、見ていることだろう。

現在、なお、光地園に留まっている皆さんに敬意

昭和五一（一九七六）年一〇月一日。その人柱の上に、国営大規模草地育成牧場の完成、祝賀会が開町記念日に盛大に行われた。この中の人が、当時を思い出して、その冥福を祈ったで

あろうか。現在、なお、光地園に留まってご健闘の吉田さん、山内さん、小林さんの皆さんに、心から敬意を表したい。

そして、三〇余年、朝夕に変わらぬ姿を見せ、時には、力付けてくれた日高連峰、苦楽を共にした老妻と二人で、静かに余生をこの地で送りたいと願っている」。


（『大樹町戦後開拓史』から要約引用）

広尾・高度経済成長と離農、離農補助金

開拓者の多くは、柏林の伐採後の国有防風林に入植した。

昭和二一（一九四六）年から三三（一九五八）年までに七二戸が入植した。農業の未経験者が多いこともあり、昭和三三（一九五八）年までに二四戸（三三・三パーセント）が離農した。

昭和二一（一九四六）年から四六年までの出身地域別の定着状況では、六四戸が入植し、離農が五二戸（八一・三パーセント）となっている。

昭和三〇（一九五五）年から四八（一九七三）年頃まで高度経済成長期であり、他産業では、労働者不足といった背景もあり、他産業に職を求めて、離農が多くあったと推定できる。

さらに、連続的な冷害、過剰入植、開拓農家の負債などの対策として、離農補助金が交付されたことも、一つの要因と考えられる。

なお、昭和四五（一九七〇）年の開拓農家の一戸当たり負債は、三四〇〇万円を越えていた。

離農するにあたり、土地や家屋の資産を売却しなければならなかった。

昭和三六（一九六一）年から四七（一九七二）年までの離農補助金は、次の通りである。

・昭和三六（一九六一）年から三八（一九六三）年までは三〇万円。
・昭和三九（一九六四）年から四一（一九六六）年までは四五万円。
・昭和四二（一九六七）年から四五（一九七〇）年までは五〇万円。
・昭和四六（一九七一）年から四七（一九七二）年までは六〇万円。

広尾・地区別入植状況

	昭和二一年～二七年		昭和二八年～三三年		合計	
	入植戸数	離農戸数	入植戸数	離農戸数	入植戸数	離農戸数
紋別地区	四八	一七	四	〇	五二	一七
野塚地区	一〇	六	一	〇	一一	六
広尾地区	八	一	一	〇	九	一
音調津地区	〇	〇	〇	〇	〇	〇
合計	六六	二四	六	〇	七二	二四

広尾・昭和二一（一九四六）年から昭和四六（一九七一）年の入植出身地域、定着状況

	満州	樺太	朝鮮	パラオ	宮城県	道内	合計
入植者	二	一五	二	一	八	三六	六四
離農者	二	一五	〇	一	七	二七	五二
定着者	〇	〇	二	〇	一	九	一二

（『新広尾町史・第三巻』から要約引用）

幕別・昭和三〇（一九五五）年までに、三〇六戸入植

アメリカ軍のB—二九の空襲で、被害を受けた東京都民は、北海道各地に食料と生活の安定のため、北海道の各市町村に入植した。幕別町には、終戦間近の昭和二〇（一九四五）年八月一三日、東京都からの第一陣三五戸、一九七人が入植した。

終戦後の九月七日、東京都から第二陣一九戸、八五人。一二月二一日、第三陣二二戸、一〇二人が、それぞれ幕別に着いた。

糠内、下似平、勢雄、奥糠内、弘成、協和、西猿別、新和、茂発谷、明倫、金刀比羅山、上稲志別の各地区に分散して入植した。一部は止若高台の三角兵舎に収容し、昭和二一（一九四六）年には、上糠内地区、奥糠内地区に入植した。

この他に、戦後開拓帰農団、一〇七戸が止若高台の元軍用地に入植した。入植者の内訳は、鏑部隊帰農者六七戸、村内の帰農者四〇戸である。

幕別・年度別入植戸数・離農戸数・定着戸数

昭和	二〇年	二一年	二二年	二三年	二四年	二五年	二六年
入植戸数	七四	一五三	三三	三	五	一二	七
離農戸数	六二	八五	一四	一	三	四	一
定着戸数	一二	六八	一九	二	二	八	六

昭和	二七年	二八年	二九年	三〇年	合計
入植戸数	〇	一二	〇	七	三〇六
離農戸数	〇	〇	〇	〇	一七〇
定着戸数	〇	一二	〇	七	一三六

（『幕別町百年史』から要約引用）

忠類・中国からの引揚者、復員した農家の二、三男が入植、一〇四戸

敗戦と共に縁故を頼って開拓を希望する者が相次いだ。このため、国有未開地の開放など、国や道庁の指導にしたがって、昭和二一（一九四六）年一月、村内を四地区に分け、未利用地の調査を行った。

この結果、古里、中当縁、新生、幌内の各地区にかけて国有防風林、丸山東山麓、同じく北西山麓の国有林、新田牧場の民有未墾地など合計六〇〇町歩余りが、開拓団地として候補にあがり、希望者の入植が始まった。

昭和二一（一九四六）年二月二一日から、中当幌で、地区住民が開拓地の風防林の伐採に出役、四月二六日から、役場が入植地の土地測量を行った。

これによって、昭和二一（一九四六）年以降、樺太、中国大陸からの引揚者、復員した農家の二、三男など四六戸が、上当縁地区、下当縁地区の開拓団地にそれぞれ入植した。

入植者は、平均五町歩の未開地の貸付を受けた。一棟五戸の共同小屋や単独の居小屋、バラックなどで生活して、昔ながらの人力に頼る開墾に取り組んだ。

昭和二四（一九四九）年には、入植者が増えて、上当縁地区一六二町歩、中当縁地区六六八町歩、幌内地区二二七町歩、合計一、〇五七町歩の開拓団地になった。

中当縁地区に開拓農業協同組合の澱粉工場が創業し、開拓診療所が設けられた。医師の巡回診察が行われ、開拓保健婦が常駐して、開拓者の健康管理にあたった。

開拓生活は苦しく、入植の三年間で四〇パーセントが、早くも離農している。戦後の混乱期には、農業経験のない入植者が、食糧確保だけの目的で入ったためである。（『忠類村史』から要約引用）

忠類・昭和二四（一九四九）年現在、開拓者の入植状況

昭和	二〇年	二一年	二二年	二三年	合計
入植戸数	三二	四六	二〇	六	一〇四
離農戸数	一五	一七	一一	〇	四三
営農戸数	一七	二九	九	六	六一

（『忠類村史』から引用）

豊頃・満州、樺太からの引揚者入植、四三〇戸

昭和二〇（一九四五）年。東京の戦災から逃れた入植者、海外からの引揚者、復員軍人など、食料を求め、緊急開拓入植した。幌岡地区二二戸、育素多地区一一戸、統内地区九戸、農野牛地区一二戸、牛首別地区五戸、合計五九戸。

昭和二一（一九四六）年。満州からの引揚者が幌岡地区、二里塚地区に入植。

昭和二三（一九四八）年。樺太からの引揚者、農家の二、三男が、それぞれ適地を求めて入植した。

この間に、約四三〇戸の開拓者が入植した。その中には、入植して、すぐ、離農、書類だけで一度も顔をみせない者も数多い状況だった。

豊頃・泥炭地と酸性土壌との戦い

昭和二〇（一九四五）年。戦時中から終戦後にかけて、国全体が疲弊し、食糧難時代であった。そのような状況の中で、農作物がほとんど収穫できない大冷害凶作の年だった。人々は、生きるために自分たちの食糧をいかに得るかが先決であり、国策である緊急開拓者として入植した。

入植した土地は、従来の既存農家がまったく顧みなかった不毛の地に等しい荒地に、農業経験のない人たちが、鍬一つ、鎌一つで入植し、泥炭地の谷地坊主、谷地ゼンマイの細切除去、また、旧軍用射撃場の整備など、明治時代の開拓と何ら変わりのない人力開墾だった。開拓当初は、せっかく蒔いた種も、強酸性土壌、過湿地のため作物が消失した。土地の特殊性のため、入植者たちは苦労した。昭和二九（一九五四）年頃から、土地改良の推進を図り、酪農経営と畑作経営に努力した。

昭和三〇（一九五五）年。大津村農業協同組合の解散に伴い、旧大津村の開拓者の受入を含め、昭和三二（一九五七）年には、組合員数二五〇戸になった。

（『豊頃町史』から要約引用）

豊頃・「酪農と今後の農政に望む」　村中まささん

「(前略)。子供が成人を迎えた。ヤレヤレと思う。一〇ヶ月一〇日間、母のお腹で鼓動して生まれた子供は、両親の保護と学校教育を受けて、社会人として巣立っていく。開拓行政もいよいよ総仕上げの時期であるという。子供が成長したこと、草木が春に備えることも、開拓者が乗り越えてきた二五年の試練も一つ過程として、この先、生活の土台として築かれてきたのかと思う。

規模拡大、近代化がうたわれ、北海道は日本の食糧基地であると、音頭をとられ、自分自身、これが私の性分に一番合った職業であると、自負しながら文化活動を夢見て、毎日、せっせと、牛舎へ通い続けている。

娘二人が高校を卒業、酪農に従事

二人の娘も高校を卒業して酪農に従事している。四Hクラブや開拓青年部の有能な青年の方々との交友を持ち、娘も大変酪農に熱心になって、有り難く思っている。将来は、衛生的に完備された五〇頭牛舎を建て、大型酪農を夢見ている。

現在、我が家の経営形態は、採草地一五町歩、牧野地一五町歩、飼料畑地二町歩、ビート二町歩、成牛一六頭、育成牛九頭、畜舎二棟。昨年、近代化資金を借りて、トラクター、モーア、フロントローダ、ヘイメーカなど購入して、一五町歩の牧草を二人の娘が良く頑張って管理し、見事、一級品に仕上げてくれた。上の娘は、モーアで草刈り、反転集草、ローダで堆積と、トラクターを運転してくれた。

下の娘は、雨や夜露にあてぬように、巾三㍍、長さ二五㍍のビニールを三本も四本も持って引っ張って、バックレーキに乗って、ターザンのように駆け回り、夜九時、一〇時になることもしばしばあった。

近代化と昭和元禄とやらで、欲しいものは星の数ほどある。娘たちにとって悔いなき青春を謳歌するには、やはり働かなければならない。この冬は、習い物もせず、牧草梱包の働きに出ている。(中略)。

集乳車は四、五日も来ず

北海道の冬は厳しく長い。本州では、梅の花が咲くというのに私たちの地方は、昨年同様、積雪に見舞われ、一五から二〇㍍の強風が、地吹雪となり、除雪した道路が、白雪の断崖となって、交通不通となり、集乳車は、四、五日間も通れなく、道は除雪しても、たちまち塞がってしまう。

このような酪農家たちは、必死になって愛牛の飼育、健康、衛生に献身的に努力している。せめて、冬期間の乳代だけでも値上げをして欲しいと思う。(中略)。

良い心がけで、良い生乳を搾り出し、私たちの健康のシンボルである白い乳の流れる里に誇りを持ちたい」。

（『拓土に花は実りて・戦後開拓婦人文集・体験記』から要約引用）

本別・旧軍馬補充部跡などに、三二五戸入植

昭和二〇（一九四五）年一一月。緊急開拓実施のための用地として、美里別の旧軍馬補充部用地を利用することになった。総面積三、〇九三町歩、うち開拓地は二、八三〇町歩。「緊急開拓実施要綱の制定」と同じ時期に、軍馬補充部跡に農業指導のための軍人軍属職業補導会が発足したが、翌年、三月に解散し、補導を受けた人たちも、他の開拓者と同じ条件で入植した。

昭和二〇（一九四五）年一〇月頃、入植が始まる。

昭和二一（一九四六）年四月。本格的に入植が始まった。西仙美里地区七一戸、拓農地区七八戸、新生地区一一戸、月見台地区一〇戸、明美地区二六戸、清里地区二〇戸、合計二一六戸入植したが、年末までに多くの離農者が出た。

西仙美里地区、拓農地区には、軍馬の飼料を耕作した既墾地二二五町歩あった。この地域には一四九戸が入植し、そのうち、約二〇戸が未墾地に入植した。入植者のほとんどが、旧軍馬補充部の軍属で、農業の知識や経験があった。

新生地区、月見台地区、明美地区、清里地区は、すべて、元軍馬の育成放牧地に使用された山林であった。

新生地区には、ほとんどが独身者の復員軍人が入植した。月見台地区、明美地区は、本別の戦災者、樺太引揚者、都会からの疎開者が入植した。

清里地区は、樺太出身者の復員軍人、その他の地方出身の復員軍人など、ほとんど農業に未経験な人たちが入植した。

入植者たちは、営農資金として、一戸当たり一〇、〇〇〇円の融資を受けた。この他に一反当たり四、〇〇〇円ほどの補助金があった。農耕馬は、元軍馬の払下げを使用した。農機具は、始めは既存農家から借りたり、古い農機具を買った。後に、配給もあった。種子は、既存農家から購入した。

本別・昭和二〇（一九四五）年から昭和二四（一九四九）年までの入植、離農、定着戸数

昭和	二〇年	二一年	二二年	二三年	二四年	合計
入植戸数	一〇六	一九二	一一	五	一一	三二五
離農戸数	五二	六二	一	五	〇	一二〇
定着戸数	五四	一三〇	一〇	〇	一一	二〇五

（『本別町史』から要約引用）

本別・「組織の分裂の中で」　加藤トメノさん

「私たちは、終戦を旧軍馬補充部で迎えた。その用地を一戸当たり五町歩、軍馬一頭を一列に並んで、くじ引きで決定され、入植した。

くじに弱い私たちは、既墾地もわずか二反六畝で、あとは雑木、未墾地が四町歩余りだった。軍馬は、対馬生まれの荒馬だった。農業の経験のない私たちは、明日からの食料に追われていた。麦と馬鈴薯の種を蒔いた。

次男は、乳牛の搾乳できる前に永眠

幼い子供たちのことを考えると、目の前が真っ暗になった。家族のことを考えた主人は、農地開発営団に就職し、少しずつ開墾して農地を広げた。運のいい人は、道路一つ隔てた農地五町歩に作付けして、開墾の苦労を知らずして、秋の収穫も多くでき入植を喜んでいた。お正月もお祭りも忘れて、毎日が、食糧と子供の教育費の心配をする日々だった。

昭和二五（一九五〇）年の夏、天候に恵まれて秋の収穫物も多く、食糧の心配がなくなった。子供たちと喜んで、入植以来、初めての楽しい正月だった。故郷の山形からは、餅米、うるち米が送られてきた。

子供たちも成長して、長男は農業高校に進学を希望するようになった。貧しい食生活で、健康を害するようになり、家族の食生活を考え、なんとしても、乳牛を飼いたい、乳牛を買うに

はどうしたら良いのかと考えた。道有貸付牛はと考えたが、実行されずに、ただ、ただ、作物を栽培した。

主人は、開発営団の勤務を辞め、農業一筋に進むことを決心した。秋には念願の仔牛を買い入れた。家族は大喜びして仔牛を飼った。子供たちは、早く、牛乳を飲みたいと騒いだ。身体の弱い次男は、その牛が搾乳できる前に、永眠した。

多額の借金

苦労は重なるばかりで、離農して故郷に帰ることも考えた。故郷からは、早く帰るようにと、幾度か便りが来た。錦を飾って帰るのならまだしも、開拓に敗北し、大家族で帰郷することはできなかった。なんとしても頑張って、成功させよう、どんなに苦労しても、子供たちは、高校に進学させて、就職させようと決心した。

一緒に入植した方々とは、土地条件などにより、経済的に大きく差ができた。一方には、電灯がつき、明るい農業経営があり、私たちは、ランプの下で、暗い生活をした。

昭和二九（一九五四）年、三〇（一九五五）年。冷害凶作が続き、農協に多額の借金が残った。その内に一五年の歳月が流れた。生活様式も変化し、貧富の差も増大していくばかりだった。集落内では開拓から卒業して、一般農協に合併の話が出てきた。

幼い子供まで、村八分

昭和三五（一九六〇）年。春から天候に恵まれ、私たちは、秋の収穫に忙しく働いた。一〇月、開拓農協の臨時総会が開かれ、開拓農協が分裂した。九〇名が開拓農協を脱退し、当時の水元組合長を先頭に一般農協へ。一方の開拓農協は、中川組合長、そして、主人は理事。

役員の家族の私たちは、幼い子供まで、村八分にされ、集落の人たちは、指を差し口々に悪口を云った。子供たちは『お父さん何にしたの』と聞いた。近所から白い目で見られていた。

昭和三六（一九六一）年。主人は、開拓農協、集落、ＰＴＡなどの役職を全部辞めてしまった。そうこうしているうちに、開拓農協が事業主体となり、電気が導入され、明るい電灯の下で生活するようになった。

開拓農協の対立のあと

開拓農協の対立後、三年を過ぎた。私たちは借金もなく、農業経営が安定してきた。我が家の経済に余裕ができるようになると、主人も、年々体重を増し、健康的になった。長女は、高校卒業後、就職し、三男は進学するようになった。長男に嫁を迎え、預金も少しながらできるようになった。

年月の過ぎるのは早い。集落内も変化し、ようやく平和な集落となった。近所の人たちとも行き来し、営農の話をするようになった。

昭和四二（一九六七）年。国の補助でトラクター一セットを導入。経営面積三〇町歩、耕地二一町歩、乳牛一五頭。どうやら安定した農業経営となった。これも、道開連、各関係機関の指導のおかげと感謝している。

四月下旬から、孫が二人、仙美里保育所に入所して、送り迎えは主人の受け持ちとなっている」。

（『拓土に花は実りて・戦後開拓婦人文集・体験記』から要約引用）

足寄・復員軍人と満州からの引揚者、五三四戸入植

終戦に伴い、海外に出征していた元軍人や外地引揚者が、続々と帰国した。これらの人たちのために、食料増産、食料を得るため、戦後緊急開拓事業の用地を解放した。足寄地区の旧軍馬補充部跡に、入植する人たちがいた。

復員軍人や引揚者は、過酷な自然、生活環境の中で、開拓に挑んだ。西足寄には、旧陸軍の軍馬補充部の用地が、一七、〇〇〇町歩（ヘクタール）余あった。この土地は、足寄市街の西側からピリベツ川までの間、北は下斗伏に至り、標高三〇〇から五〇〇メートルの丘陵地帯で、農耕も可能で、畜産には最適な土地である。

昭和二一（一九四六）年末には、復員軍人や満州からの引揚者の入植が開始され、以後、続々と入植者が増加した。

足寄・中矢地区の入植

幕別村止若に駐屯していた通信隊が、終戦による軍の解体から、帰農隊を組織して、昭和二〇（一九四五）年一一月に、四三戸が入植した。居住者が一人もいない牧場跡地で、土地の測量も区画も未整備の土地だった。

その集落が、現在の「中矢」である。この帰農隊の隊長が中山少佐、副隊長が矢本大尉だったので、頭文字をとって、集落名を「中矢」とした。

足寄・仲和地区の入植

昭和二〇（一九四五）年の終戦と共に、農業を志した元軍人が一〇数人、仙美里軍馬補充部に集まり、仲和地区に集団入植する予定だった。結果的に、昭和二〇（一九四五）年一一月末の入植者は、甲田憲司さん、大塚泰三さん、上野与祖吉さんの三戸が入植した。

入植の時は、中矢と同じく区画割ができていなかったので、現地を見て、好きな土地を選んで入植できた。区画測量が終わると、村内の農家の二、三男が分家入植した。

足寄・塩幌地区白糸の入植

昭和二〇（一九四五）年一〇月。花岡元少佐を団長として、旧第二師団勲部隊、中千島駐屯の元軍人が入植した。

旧第二師団勲部隊、中千島駐屯の部隊は、終戦の二ヶ月前、中千島から稚内に転戦して終戦を迎えた。入植地を足寄、美瑛、標津の三ヵ所を決め、混同農業は足寄、畑作農業は美瑛、畜産専業は標津として、それぞれ希望によって入植地を決定した。

花岡元少佐は、中千島駐屯部隊に転属するまで、仙美里軍馬補充部に勤務していたので、白糸方面の状況を良く知っていた。希望者三三戸、四七人の団長として、昭和二〇（一九四五）年一〇月に入植した。

山形県から、山形庄内開拓団と柏倉門伝開拓団の二つの開拓団がやって来た。

足寄・山形庄内開拓団の入植

団長は加藤熊治郎さん、副団長大滝弥助さん、五十嵐豊吉さん。この開拓団の入植戸数は、一〇〇戸。

昭和二一（一九四六）年一一月二六日。山形庄内開拓団は入植準備のため、先発隊三二人（一戸一人）、足寄駅に到着した。翌二七日、現地、茂喜登牛地区に入植。軍馬補充部時代の建物、看守舎を宿舎として、共同生活を始めた。この建物だけでは、三二人の生活は狭いので、その後、中央看守舎に分宿した。

茂喜登牛地区だけでは土地面積が足りないので、協議の結果、茂喜登牛地区に六〇戸、庄内沢地区に三戸、上利別地区に二戸が入植することになった。

昭和二二（一九四七）年二月一二日から四月一八日までに、茂喜登牛地区五八戸、上利別地区一四戸、滝の上地区一〇戸、小坂地区七戸、庄内沢地区一一戸、合計一〇〇戸が入植した。

足寄・柏倉門伝開拓団の入植

柏倉門伝開拓団は、山形県南村山郡柏倉門伝村から、大東亜戦争前に、新天地、満州国へ分村という名目の開拓団として入植していた。敗戦により、満州から郷里に引き揚げてきた人たちが、県の斡旋で、戦後開拓団を結成して、足寄にやって来た。

団長は佐藤義太さん、副団長、丹野喜平さん。この開拓団の入植戸数は、四五戸。

昭和二一（一九四六）年一一月二三日。団長の佐藤義太さん、自ら先発隊長となり、一七人と共に足寄駅に到着した。オンネナイに入植。軍馬補充部時代の建物、看守舎を共同宿舎とした。冬期間中に単独居小屋一〇戸を建築した。翌、二二（一九四七）年三月に一一戸、四月に一七戸が到着した。

足寄・長野開拓団の入植

団長は松島酒造さん。四七戸が植坂地区に入植した。この開拓団は、長野県下伊奈郡内の四ヵ村から、大東亜戦争前の分村計画により、満州開拓団として開拓に従事していた。終戦により、帰郷した引揚者、復員軍人などが加わり結成された。

松島団長は、一六人の先発隊と共に、昭和二一（一九四六）年一一月二一日、足寄駅に着き、翌二二日、植坂地区に入植。既存の元軍馬補充部の植坂看守舎を共同宿舎として、準備を進めた。

昭和二二（一九四七）年四月一五日までに、植坂地区に二〇戸、中央植坂地区に二七戸が家族と共に入植した。

足寄・入植初期の苦難

終戦直後に入植した団体は、十勝に住んでいた人たちなので、既成道路に近く、生活物資の買い入れや運搬など、比較的便利な土地に入植した。

満州からの引揚者、山形庄内開拓団、柏倉門伝開拓団、長野開拓団が入植したキモトウシ、オンネナイ地区は、元軍馬補充部用地の中心地帯で、優秀な軍馬を育成する牧場だったので、平坦地もあるが、山坂もあり、物資運搬の道路がなく、既成の道路から遠く、食料などの生活物資を運ぶだけでも困難をきわめた。

入植者たちは、細い馬の道を米、味噌、醤油など、すべて背負って運んだ。冬になると、積雪と吹雪で、歩くだけでも困難を伴った。衣料や履き物は、着たきりで、ほかになく、厳冬期を超すだけでも大変な苦労だった。

土地は三〇〇から四〇〇メートルある丘陵地の新墾地なので、平地に比べて温度も低く、どうにか豆や麦、馬鈴薯が収穫できるといった程度だった。入植者は、満州開拓の経験があっても、十勝の種子の蒔き付け時期や適期が分からず、早過ぎたり、遅すぎたりした。そのことが、秋の収穫にも影響し、生活も一層苦しかった。

そうしたこともあり、昭和二三（一九四八）年には、開拓地に近い既存農家の中から選んで、開拓指導農家を委嘱した。子弟を教育するのにも、学校がなかった。既存の学校に通わせるにも、遠く、道らしい道もなく、原野の中、山林の中の生活だった。（『足寄町史』から要約引用）

足寄・入植者の回顧録

入植から三〇有余年経た昭和五三（一九七八）年、足寄町開拓農業協同組合創立三〇周年を記念して発刊された「硬骨の賦」の回顧録から、一部を抜粋して要約紹介する。

足寄・「原始林のどこに開拓地があるのやら」五十鈴地区　関根安治さん

「青苔で木の幹をくるんだ大木が、天を覆い、昼なお暗く、腐食した落ち葉は、地面に厚く積もって、ひと足ひと足、ジメジメした異様な一本道、これが、私たち開拓者の食料、その他一切の生活必需品を運ぶ唯一つの生命路線だった。

大木の下には、番傘を開いて立てたようなフキの葉が一面に密生していて、まるで、お伽話の国にでも迷い込んだような感じで、ただ呆然と歩いた。

はっと、吾にかえる。こんな大原始林が、こんな密林が、私たちの開拓地であろうとは。

山の朝　うけ切る斧や　山にこだます
霧の朝　静けさ破る　斧の音

早く畑を造って、イモの一つも取らなければ、そう思うと真っ白に霜の降りた寒い朝でも、夜明けと同時に、大鋸《のこぎり》と斧を肩に担いで出かけ、大木に挑戦した。

十勝支庁より送られた「伐採の栞」に示されているように、鋸を入れて、その反対側からウケ（V字形の木片や金属片の道具を打ちこむ）をいれる。力一杯振り上げて降ろす斧の音は、朝の静けさを破って山にこだました。その勇壮、快感さは、今、なお、忘れ得ぬものがある」。

足寄・「裸一貫」　向陽地区　熊谷三郎さん

「（前略）。満州引揚者というレッテルを貼られた、私たち自身、引け目を感じていた。入植一年目の私たちは、何かを覚えたい、近所の人たちと顔見知りになりたいと、暇を見て、この山奥から芽登、喜登牛方面へ出ていった。

当時の篤農家、中芽登の故松岡八百蔵さん、喜登牛の故加藤甚一さん、故桑尾宏さんの方々を訪ねた。真っ赤に燃えるストーブを囲み、ボッコ靴を履いたままで、熊の手のようなアカギレだらけの手を大きく広げて話しが弾む。ストーブには、茹でイモ、煮豆の香りが漂い、それを食べながら、自分の歩いた道を語ってくれた」。

足寄・「戸棚とテーブル」末広地区　堀　利次さん

「牛舎の片隅に置かれた戸棚。見る影もなく傷だらけ。竹釘も抜けてガタガタ。もう、使えなくなって、ここに置かれたのだ。四、五年前、新居に移る時、そんな物、捨ててしまえといわれた。どうしても断ち切れない想い出があって。

入植して一年目、妻を迎えた春のことである。古い日記には、その日のことを、こう書いてある。

『四月二〇日。曇り。濃霧残雪。内地より発送の荷物二個到着。受け取りのため、早朝下山。俺は戸棚、妻はテーブルを、無理のようだったが二人で背負って帰る。小雪混じりの肌寒い日である。四里（一六キロ）近い道のり、急坂を登って、やっと我が山小屋にたどり着き、ほっと、一息つく。筵《むしろ》の床、泥壁の部屋にも、何とか明るさが増し居心地良し』。

見る影もないボロ戸棚

今は、見る影もないボロ戸棚も、その頃は、あばら屋の中で輝いていた。ないないづくめの中にも、開墾に打ち込んだ日々の労を慰めてくれた。糸をよった芯のカンテラの光は、かすかで暗かったが、二人の間に挟んだテーブルには、山海の珍味があった訳ではないが、未開の森林の静寂の中で、二人だけの存在を確かめ合うことができた。

希に来る知人と人懐かしさに交わした杯も、この戸棚の中から取りだして、このテーブルを囲んだ。昔のことが昨日のことのように、しみこんでいる。生活の年輪が刻み込まれている。じっと、目を閉じ、耳をすますと、いつまでも、どこまでも、語り続けてくれる。悔いのなかった日々、そこにはいつも明日への希望があった」。

(『足寄百年史・下巻』から引用)

足寄・営団開墾

昭和二二(一九四七)年。外地引揚者や復員軍人帰農者の入植のため、国費による機械開墾を実施した。この開墾は北海道開拓営団が行った。

昭和二三(一九四八)年には、開墾面積が数一〇〇町歩余に達した。入植者が多くの労働力をつぎ込まなくても、すぐに、農作物の播種ができ、収穫ができるとの配慮から、営団開墾が行われた。

ところが営団開墾には問題があった。営団開墾は、トラクター開墾と畜力開墾とにより実施されたが、肥沃な立木のある土地は開墾されず、立木のない広い痩せ地の開墾しやすい土地ばかりだった。

このため、入植者たちは、痩せ地では手間と種子が無駄になるので、立木の多い肥沃な土地を選んで、細々ながら開墾と作付けを進めた。自ら開墾した土地には、開墾補助金が出た。痩せ地の営団開墾地ばかり耕作した入植者には、開墾補助金が出なかった。

こうしたことから、昭和二三(一九四八)年の夏、農林省開拓局長が開拓状況を視察に来村したとき、この営団開墾を早急に廃止するよう陳情した結果、営団開墾は、この年限りで打ち切られた。

足寄・火薬抜根

開拓地の巨大な立木の抜根は、開墾を進める上で、最も大きな障害物だった。直径が三〇センチ以上の株は、重抜根と呼ばれた。旧陸軍の火薬が残されていたことから、火薬抜根が行われ、道路造成などと同様に、全額国費で実施されるようになった。

昭和三〇（一九五五）年頃。火薬抜根が行われた。経験不足や事故などもあり、昭和三四（一九五九）年頃から、大型トラクターによる抜根が実施され、農地造成が進むようになった。

足寄・開拓者補助住宅

家は、掘立小屋で、屋根は長柾葺き、壁は板や草の囲いで、炭焼き小屋のようであったから、零下二〇度以下の寒気ともなれば、ひどく身にこたえた。雨が漏り、雪が吹き込み、冬の寒気は、外と変わりのない状態なので、寒さに耐えられる住宅を一日も早く建築する必要があった。

そのため、開拓者補助住宅の建築計画が進められた。昭和二三（一九四八）年から実施され、一戸に付き四〇、〇〇〇円の補助金が出た。

足寄・和牛の導入

戦後開拓の入植地は、標高三〇〇から五〇〇メートルの丘陵地帯で、冷涼で痩せ地のため、畑作だけでは冷害に見舞われるなど、不安定な農業経営となるので、農畜混同農業が推奨された。乳用牛を飼養し、酪農経営を行う場合、悪路の中、生乳の出荷に問題があった。そこで、肉牛の和牛の導入が検討された。和牛は粗食に耐え、積雪が少なければ、ササ原などに放牧が可能であるとのことだった。

和牛の導入は、島根県、鳥取県の丘陵地帯で飼育されている黒毛和種を導入しようと、道庁に開拓費からの補助による導入を陳情した。黒毛和種の北海道移入は、前例がなく、難色を示した。再三にわたる陳情と畜産学者の意見から、思い切って試験的に導入しようということになった。

昭和二六（一九五一）年夏。島根県から黒毛和種三〇頭、内一頭は種牛を購入。山形県、長野県の開拓団入植者を主として配分貸付して、飼育を始めた。

翌、昭和二七（一九五二）年から昭和三四（一九五九）年まで、毎年、黒毛和種を導入した。子返しによる貸付もできるようになったので、昭和三四（一九五九）年末の延べ貸付頭数は、三四二頭になった。

黒毛和種を飼養し肥育して試食した結果、神戸牛にも匹敵する良質な肉質と評価された。このようなことから、肥育についてもだんだんと普及した。北海道の黒毛和種の飼育は、足寄が先駆となり、それ以後、道内各地に導入されるようになった。

昭和四五（一九七〇）年末現在。黒毛和種の飼育で成功し、飼養頭数の最も多いのは、高嶺地区に入植した工藤長良さんで、一〇七頭を飼養している。足寄の全飼養頭数は、八四〇頭。

（『足寄町史』から要約引用）

足寄・「我が家の二〇年」　茂喜登牛　加藤節子さん

「昭和二六（一九五一）年四月上旬。春とはいえ寒い寒い土地だった。まだ、消えやらぬ雪がところどころ山のように積もっていた。内地から開拓の嫁としてきた私はビックリした。何百年もたった大木、急斜面の土地、どこを見ても畑になるような土地ではなかった。米しか作ることの知らなかった私には、こんな山を相手に何ができるか、何を食べていくのか見当がつかなかった。

山菜で飢えをしのぐ

毎日、毎日、開墾鍬をふるい、小さな立木は、刃の丸くなった薪割りで根を切り、畑の拡張に頑張った。昼なお暗い林の伐木は、手に血のにじんだ豆が、毎日、絶えなかった。

当時は、食糧事情が悪く、米は、ほとんど食べられなかった。わずか、配給になったウドン粉を大事に食べた。ヤチブキが出てくると味噌汁の実に、あるいは、主食の足しにもした。フキが出ればフキを採り、文字通り山菜で飢えをしのいだ。そのような苦しい状態の中でも、開墾は一日も休まず続けてきた。

道路もなく、行商人が来れる状態ではなかった。大きな声で叫んでも、隣にも聞こえなかった。時には、涙に暮れ、内地へ帰りたかった。ほとんど収入がないので、お金も見たことがなかった。当時は、まだ、若かったから甘い物が欲しかった。街へ出るには四キロもの道のりがあり、うっそうと繁った林の中を、トボトボと歩いての買い物は、考えられなかった。

素足まで焼けただれる

昭和二七（一九五二）年。長男が生まれた。真夏の焼け付くような時でも、背中に背負い、豆の除草作業に、ある時は抜根も行った。その都度、暑さのために顔が水ぶくれになり、素足まで焼けただれた。手拭いで顔を覆って日よけしながら、作業の手を休めることはしなかった。日が暮れ、食事を終えたときは、夜中の一〇時を過ぎていた。毎日毎日、苦しい開拓が続いた。

和牛を導入

昭和二七（一九五二）年。三町歩の共同草地改良が始まった。島根県から和牛が入り、十勝に肉牛の基地を作るらしい。三頭の割当をもらって始めた。牛飼いは初めてで、痩せてしまい、冬になったら草もないので、雪をかき分けて、ササを少しずつ刈り取って食べさせた。今、考えると、ぞっとするような管理だった。

昭和三四（一九五九）年。本別に製糖工場が完成した頃、大型トラクターが入ってきた。集落を通る幹線道路も完成して、やっと、開拓の苦労が実り、喜びがわいてきた。乳牛も入り、翌年から搾乳を始めた。何をやっても初めての経験で困り抜いた。ランプに頼った作業は大変だった。草もないし、牛飼いはあらゆる苦労を一度に背負った。

昭和四〇（一九六五）年。大型トラクター一台購入。

昭和四一（一九六六）年。長男が中学を卒業すると同時に、もう一台、トラクターを購入した。親子、力を合わせ、朝は三時、夜まで歯をくいしばって働き続けた。

昭和四四（一九六九）年。小さいながら家を新築した。ブルトーザ一台購入。

肉牛を一〇〇頭飼育

昭和四六（一九七一）年。現在は、肉牛を一〇〇頭、飼育するまでなった。今年は、売り上げ一四〇頭の目標を立てられるようになった。

内には、構造改善の波、外には、自由化の波にと、外患内憂な悩みの多い昨今の農業。不屈不倒の信念のみが、すべてを解決してくれる源泉であると信じて、明日へ夢を追いかけて生きたいと思う」。


（『拓土に花は実りて・戦後開拓婦人文集・体験記』から要約引用）

足寄・昭和二〇(一九四五)年から昭和二九(一九五四)年・戦後開拓者の入植経過(四四六戸)

地区	集落名	戸数	入植経過
西足寄地区	中矢	二〇	幕別止若旧陸軍通信隊
旧陸軍軍馬補充部跡	紅葉橋	一〇	秋田県・地元の二、三男
同	植坂	二一	長野県の満州引揚者・長野県の二、三男
同	中央植坂	一四	長野県の満州引揚者・長野県の二、三男
同	東芽登	二一	拓殖実習生・地元の二、三男
同	清和	一三	拓殖実習生・地元の二、三男
同	清川	九	旧軍馬補充部出身者・地元二、三男
同	拓北	七	地元二、三男
同	仲和	一三	復員軍人・地元二、三男
同	白糸	一〇	千島復員軍人
同	静原	一〇	千島復員軍人
同	泉	一三	千島復員軍人
同	庄内	一六	山形県満州開拓団
同	小坂	九	同

旧陸軍軍馬補充部跡	滝の上	九	山形県満州開拓団
同	清水	八	同
同	高嶺	一一	同
同	五十鈴	一五	同
同	栄	一〇	同
同	向陽	一四	同
同	礎・末広	一九	同
同	花輪	九	同
同	柏倉一	九	山形県柏倉門伝村開拓団
同	柏倉二	一四	同
同	柏倉三	二三	同
奥芽登地区	幌加	一一	十勝管内造材関係者
芽登第一地区	上芽登第一	二一	山形県引揚者
同	上芽登第二	一二	長野県満州引揚者・樺太引揚者
芽登第二地区	旭丘	一五	地元造材関係者
芽登第三地区	西芽登	八	既存農家二、三男・地元労務者

同	熊の沢	四	地元出身者
平和地区	昭和	二	東京疎開者
大誉地地区	上大与地	一一	東京疎開者・地元二、三男
中足寄地区	中足寄	一	
稲牛地区	上稲牛	一一	東京疎開者・地元二、三男
茂螺湾地区	茂螺湾	七	地元出身者
上螺湾地区	上螺湾富士見	一四	同
茂足寄地区	上白愛	二	同
芽登地区	開北	一	同

（『足寄町史』から要約引用）

足寄・戦後開拓入植状況（昭和二〇～三五年・開拓農協開墾台帳より）

- 昭和二〇（一九四五）年～三五（一九六〇）年・入植戸数、五三四戸
- 昭和四五（一九七〇）年末現在・離農戸数、三〇七戸（五七・五パーセント）
- 昭和四五（一九七〇）年末現在・定着戸数、二二七戸（四二・五パーセント）（『足寄町史』から要約引用）

移転費補助・離農補助金

昭和三五（一九六〇）年度、国内移転費一五万円。海外移転費二〇万円、三六年度以降、一律三〇万円。

（『足寄百年史・下巻』より引用）

陸別・造材飯場が住居

移住者は、それぞれの県、都で募集していた北海道集団帰農隊に応募した。上野駅では、政友会の黒沢酉蔵さんより激励の挨拶を受け、北海道に向かった。

昭和二〇（一九四五）年一〇月二八日。陸別村に最初の集団帰農者が入植した。鹿山地区に、神奈川県から一戸、群馬県から二戸、東京都から一戸。作集地区には、神奈川県から一戸、群馬県から二戸、鹿山地区と作集地区に合計七戸が入植した。

到着すると陸別村役場職員二人が案内し、陸別に到着した一行、六八人は、円覚寺、本鐙寺の二斑に分かれ宿泊した。入植地の鹿山地区では、造材飯場が住居となり、開墾が行われた。

一一月一〇日。ウリキオナイ地区には、東京都中野区からの集団帰農五戸、家族を含めて六四人が入植した。

昭和二一（一九四六）年五月四日。外地からの引揚者、地元の増反者、京都などから四戸入植。

昭和二三（一九四八）年。トマム地区に二四戸入植。

（『陸別町史』から要約引用）

浦幌・東京から一〇戸、「浦幌隊」の旗を持って浦幌駅に降り立つ

昭和二〇（一九四五）年春。戦争末期、東京都と北海道開拓協会とが共同で、東京都民に対して集団帰農者を募集した。「食糧増産に一役を」と応募した人たちが多かった。北海道開拓戦災者集団募集では、都市の各所にビラが貼られ、配布もされた。

内容は、「北海道の新天地で拓く食糧増産の戦士として、諸君を待っている。一戸あたり五町歩の耕地と集団宿舎もあり、直ちに蒔き付けする種子も用意している」というものだった。

昭和二〇（一九四五）年九月七日。第一回入植者、一〇戸、五五人、東京を出発し浦幌駅に降り立った入植者は、「浦幌隊」の旗を持っていた。浦幌村職員に迎えられ、地区実行組合長の案内で、決められた集落に向かった。千歳、万年、吉野、統太、養老の各地区に分散し、入植した。

一〇月三〇日。第二回入植者、六戸、二四人が到着した。帯富、常磐（時和）、幾千代の各地区に分散して入植した。住居は、地区の人々の協力により、農家の納屋や馬小屋などだった。

昭和二一（一九四六）年春。入植者は、得られた土地の開墾を行った。このとき配給されたのは、唐鍬一丁と鋸だった。ひと鍬ひと鍬耕し、作物の種子を蒔いた。この年は、天候に恵まれ豊作の秋を迎えることができた。

その後、帰農者は、慣れない開墾作業と戦後のインフレが進む中で、次第に農村を離れ、現金収入を求めて、炭砿労務者として働いたり、帰郷する者が相次いだ。第二回目の入植者は、昭和二四（一九四九）年までに、歌志内炭砿へ移住したり、帰郷して、ほとんどが離農した。

昭和二六（一九五一）年。幾千代、平和、共栄、吉野の各地区の一部と稲穂地区の一、六二三町歩を稲穂団地として、開発が進められた。豊頃地区開墾建設地域に、東京からの集団帰農者一六戸、樺太、満州からの引揚者、復員軍人、地元農家の分家など、昭和三〇（一九五五）年までに入植した。

その後、湿地帯の多い大原野は、農耕地となり、酪農地帯となった。周期的な冷害や洪水などによって多額の負債を背負い、農業経験の乏しさから多くの離農者が出た。

昭和二〇（一九四五）年から昭和三九（一九六四）年までの入植者は、三〇六戸、内、在農者は、一二一戸（三九・五パーセント）。

（『浦幌町百年史』から要約引用）

浦幌・「父の意思を継いで」愛牛地区　及川フミ子さん

「昭和二三（一九四八）年七月。終戦により樺太から引き揚げて来た。私たち両親、弟妹、六人家族で、上歌志内炭砿にいた。

昭和二四（一九四九）年四月三〇日。現在、住んでいる浦幌町愛牛地区に入植した。炭砿の明るい暖かい家と異なり、電気も水道もなく、小さなヨシ小屋に住んだ。小学校二年生だった弟は、小屋に入っても、しばらくの間、座ろうとしないで、目を丸くして立ちつくしていた。小学校五年生だった私も、口には出さないものの、これが、父がいつも喜んで話していた自分の家かと思うとガッカリした。これからは、少しでも両親の役に立とうと心に決めた。

谷地坊主切り

開墾は、初めのうちは、トラクターどころか馬もなく、父母が谷地坊主を鍬で切り、私たちは、ムシロの両端に棒をつけた病院で使うタンカ（もっこ・運搬用具）のような形のもので、谷地坊主を畑の縁に運び出した。今、思うと子供には、大変な重労働だった。

両親は、あまり身体が丈夫でなく、人手のいる農作業は、いつも学校を休んで手伝い、学校は時々欠席した。

乳牛の導入

私が中学生になった頃、父は開墾補助金で牛を一頭買った。愛牛地区の開拓者で、牛を飼っている人は、まだ、誰もいなかった。その乳牛が、仔牛を産み、乳を出荷するようになっても、今のように集乳車も来ないし、自転車を買うお金もないので、父母が毎日交代で、四キロほどの道を牛乳缶を背負って出荷したので、畑仕事にも支障をきたした。大変なことなのでその乳牛は、飼うことができず馬喰（ばくろう・家畜商）の手に渡ってしまった。

昭和三〇（一九五五）年頃。浦幌町は、集約酪農地区になり、牛が導入されるようになった。その頃の関係機関の指導では、搾乳牛八頭ということだった。父の目標は、指導者の言葉より多い搾乳牛一〇頭ということで、その頃、あまりにも目標が大きく、近所の人たちの笑いのタネになった。

農業後継者

中学校を卒業してから、私も一生懸命働いた。両親は身体が弱いし、後継者となる弟も、一人前に成長するには、まだまだということで、労働力として頼りにならないのが悩みだった。私が数え年二一歳の時、縁があって結婚することになった。弟が一人前になるまで、三年間、家業を手伝うことにした。

弟、妹たちも成長するにしたがって、それぞれ、将来の希望が出てきて、自分の好きな道を行きたいと云いだした。弟は、一人息子なので、父にはショックだった。父の反対するまま、弟は、家を出ていった。

とうとう、家には一番上の私が残ることになった。五人姉弟のうち一人ぐらいは、父の築きかけた志を果たして上げようと、このとき、決心した。

結婚したときから、世間では好奇の目を向けられていたようだった。それというのは、夫が農業の経験が全くなく、牛の側を通ることさえもできず、私は、左足が不自由(先天性股関節脱臼)だったからである。

早いもので、結婚して今年は、足かけ一五年、長女は、四月から中学二年生、長男は小学四年と、二人の子供に恵まれた。

ようやく、今年の夏は、一三頭の牛の乳を搾れるようになった。父の目標を超えたが、父は、肺がんという救いがたい病気に勝てず、数え年六八歳で、去る二月二日、永遠の眠りについた。

拓いた土地に愛着

今日まで来るには、何回も冷害に遭い、他の仕事をするよう勧めた人もいた。何の心配もなさそうな父の安らかな眠りを見たとき、この土地を離れないで本当に良かったと心から思った。

今日までこの土地を捨てずに来たのは、なぜだったのだろうか。それは子供の頃から両親と共に苦労して拓いた土地に愛着があり、困ったときでも空気の良い大地で歌を歌いながら、働くことが好きだったからだ。それと、夫が一生懸命やってくれたこと、また、近所の人、集落の人たち皆が良き相談相手であり、力になる仲間だったからである。

それでも、一番の問題は、負債のことだった。下の子供に手がかからなくなってから、開拓婦人部に入り、十勝開拓婦人部研修会には、できるだけ多く参加し、各関係機関の方々のお話を聞き、そのたびに勇気づけられ頑張ってきた。

負債と規模拡大

今年、負債整理による条件緩和されることになった。すでに、その仕事に取りかかっているそうだ。これで解決されるとは、私は、決して思いません。指導者の話を聞くと、将来は、乳牛五〇頭経営でなければ成り立たないと云われているそうだ。そうするには、土地を増やし、機械の導入、施設の拡大など、まだ、まだ、大きな負債をしなければならない。長期間、負債に苦しみ、その負債も終わらないうちに、また、負債をするという背伸びした経営をすることが、行き詰まりになることは明らかだ。これが、第一の問題である。

婦人に負担のかかる職業

第二は、酪農とは、婦人に負担のかかる職業である。男の人と同じぐらいの重労働をして、時間的には男の人より余計に働かなければならない状態では、私のような身体の者が、いつまで続くかということである。決して楽しく過ごそうとは思わないが、自分自身の身体に合った仕事をしたいと思うときもある。

離農が相次ぐ

第三に、入植した当時から二〇数年たった今、私たちの集落では、ほとんどの家が、二代目となり労働の中心となっている。果たして、三代目が残って、後を継ぐ者がどのぐらいいるのだろうか。私個人としても、子供には好きな道を歩ませるつもりでいる。

都会から見ると、空気が美味しく、自然食も多く食べられる土地にいても、離農が相次ぐ今日この頃、私たち農村婦人は、どのような考え方をしたらいいのだろう。

私には、他の人より幸せなことがある。それは、今まで私には、父が二人いたと云うことである。先日、亡くなった父は、事情があって、私が数え年八歳の時から、育ててくれた育ての親だった。生みの父は、遠くに健在でいる。今では、人並みに父が一人になった。

「どうか、永遠に分かれた父よ、安らかに眠ってくださいと、心の中で祈っている」。

（『拓土に花は実りて・戦後開拓婦人文集・体験記』から要約引用）

浦幌・地区別入植戸数（昭和四八年） 注・地区別入植と年度別入植の在農家数が一致せず

地区	入植戸数	離農戸数	在農家数
上浦幌	三三	一八	一五
下頃辺	一〇	五	五
稲穂	一〇〇	五六	四四
下幌岡	八二	五四	二八
トイトツキ	六八	四五	二三
厚内	三	二	一
静内	一〇	四	六
合計	三〇六	一八四	一二二

浦幌・年度別入植戸数（昭和四八年）

昭和	入植戸数	離農戸数	在農家数
二〇年	一六	一四	二
二一年	一二	七	五
二二年	二六	一三	一三
二三年	二	一	一
二四年	五三	三五	一八
二五年	二五	一九	六
二六年	八	五	三
二七年	一	〇	一

昭和	二九年	三〇年	三一年	三二年	三三年	三四年	三八年 三九年	合計
入植戸数	五	六七	四三	三二	七	五	四	三〇六
離農戸数	四	四五	一四	二〇	三	四	一	一八五
在農家数	一	二二	二九	一二	四	一	三	一二一

（『浦幌町百年史』から引用）

帯広・約三〇〇戸入植

昭和二〇（一九四五）年九月から年末までに、川西村の別府、豊西、富士、太平の各地区の防風林に、五二戸が入植した。

昭和二一（一九四六）年。海外からの引揚者、復員軍人など、川西村に一〇一戸が入植した。伏古地区には一八戸入植。帯広地区（旧陸軍飛行場の開拓地は帯広市、芽室町、川西村にまたがっている）に一四戸入植。

大正村では、未墾地が少なかったので、防風林の入植が多かった。愛国地区三戸、幸地区一四戸、上途別地区一二戸。東地区一〇戸、似平地区一四戸、上似平地区八戸、戸蔦地区六戸、中戸蔦地区八戸、幸福地区九戸、合計八四戸が入植した。

昭和二三（一九四八）年。樺太からの引揚者一四戸が、岩内地区に入植。

昭和二四（一九四九）年。岩内地区に七戸が入植。伏古地区に四戸入植。

昭和二五（一九五〇）年。伏古地区に六戸入植。帯広地区に一戸入植。

以後、地元の二男、三男を中心に、入植が続き、太平洋戦争末期から戦後にかけて、約三〇〇戸が入植した。


（『帯広市史・平成十五年編』から要約引用）

第八章

開拓営農指導員・開拓保健婦

開拓営農指導所・開拓営農指導員

昭和二〇（一九四五）年一一月。食糧増産と外国からの復員軍人や外地引揚者を対策として、「戦後緊急開拓事業実施要領」が決定し、道内の国有未開地などが開放され、続々と開拓者が入植した。

昭和二一（一九四六）年一一月二二日。農林事務次官通達、「開拓地常駐営農指導員設置補助要領」が定められた。

入植者の多くは、農業の未経験者で、営農技術はもとより、開墾から生活全般にいたる指導が必要であった。開拓者の営農から生活全般の世話指導を任務とした世話指導員が、開拓地の主要箇所に配置された。

昭和二一（一九四六）年に二七二名。昭和二二（一九四七）年に二五六名の定員が配置されていたが、世話指導員には、農業会や市町村職員の兼務者が多く、十分な効果が得られなかったため、二二年間で廃止になった。

昭和二三（一九四八）年五月。農林省開拓局長通達、「開拓地常駐営農指導員設置要綱」が制定され。国の補助職員制度が確立した結果、開拓営農指導所が設置され、従前の世話指導員の中から九九名が、新たに開拓営農指導員として、道に採用された。その後、昭和三六年度末までには、全道の開拓営農指導所は、一二〇ヵ所設置された。

昭和四五（一九七〇）年三月、戦後の開拓行政は終了した。その頃には、開拓営農指導所は、統廃合され、その時点の開拓営農指導員の配置は、一八二名であった。

開拓行政が終了したため、開拓営農指導員のほとんどは、農業改良普及員に移行したが、少数は支庁、本庁、高等学校教員などに移行した。

（『足寄百年史・上巻』、『北海道戦後開拓史』から要約引用）

開拓地の成功検査

開拓地の成功検査の期限は、戦後の自作農創設法適用当時、一律五年だったが、昭和二七年（一九五二）に農地法が制定されてから、面積により期限が決められた。七町歩以上は、最大七年となっていた。この農地の売り払い代金は、長期低利の自作農創設資金が融資された。

（『足寄百年史・下巻』から引用）


開拓地の開墾検定（成功検査）は、開拓営農指導員が行った。縄を引いて土地の長さを測る間縄《けんなわ》による平板測量が行われた。そのため、現地の実際の土地と図面上の土地が一致せず、隣の土地に食い込んだり、沢の川に土地の一部があったりすることになり、関係者の悩みの種となった。

間縄による測量なので、多少不正確でも致しかたなかった。目的は、開墾した面積に応じて開墾補助金を適正に支払うことにあった。

開拓営農指導員の機動化、増員

昭和三一（一九五六）年の大冷害の後、開拓行政最前線の営農指導員の方々から、現行開拓行政について、アンケート調査を行った。

「営農指導員と開拓保健婦の交流誌『やまびこ』、昭和三二年発刊、第三号」から、その中の十勝の開拓営農指導員の意見を紹介する。

「開拓行政に計画がない。道段階として計画どおり進んでいるかもしれないが、町村における私共としては、明年どころか、今年の見通しも分からない。

今年の仕事や何が将来へ、どのような関連性を持って行くのか解らない。行政の末端にある私共は、ただその時の風に吹き回されているだけだ。恒久計画を樹立しても、単なる希望的数字や絵でしかない。開拓地の指導機構の弱体だ。

新しい農家には、特別の指導も行政措置も必要である。通例、簡単に農業改良普及員の担当戸数と比較され論議されるが、開拓営農指導員の場合、他の行政事務を持っていることや、開拓地の立地条件から考え、農業改良普及員と一緒に比較されても迷惑である。

その理由の一つとして、担当地区を指導に一巡するに、実走行距離は九〇キロに及ぶ。相当努力しているつもりだが、靴の上から足裏を掻くような感じがしてならない。人員の増強が望ましいが、せめて当面の対策として、開拓営農指導員の機動化ぐらいは考えて欲しい。

昭和三〇（一九五五）年度には、自費で買ったオートバイで一万キロを走っている。これを自転車で行く時間に比べてみると、ゆうに開拓営農指導員一名分ぐらいが増強されたことに匹敵する」。

（『北海道戦後開拓農民史』から引用）

開拓営農指導員の思い出・その一

昭和四二（一九六七）年に発行された「開拓営農指導員・開拓保健婦制度実施二〇周年記念誌」から、十勝支庁管内で勤務していた玉置弥さんの思い出を要約して紹介する。

逃げ出さないでやって欲しい

「昭和二七（一九五二）年九月一日。この年は激しい残暑がいつまでも続いた。この日、小さな駅に降り立ち、赴任の第一歩を踏み出した。

前日の夜遅く、支庁長の採用面接を受けた私は、翌日、直ちに赴任することを命ぜられた。それほど、現地の事情は緊迫していたのであった。途中の汽車の中で新しい職場への不安と抱負を思いめぐらした。気になることがあった。それは、面接の時、支庁長から『逃げ出さないでやって欲しい』と云われたことであった。

私は、その真意を計り知れなかった。赴任して間もなく、その意味をいやというほど思い知らされた。開拓農協の事務所に入って、これは、とんでもないところに来てしまったと思った。

これ以上壊れようのないほどボロ事務所。三、四人の職員が、けだるそうに机に向かっていた。精気が全くみられない事務所内部に、強い西日が差し込んでいるのが、ひどくむなしく感じた。

業務管理官殿

こんな事務所の椅子に座った私は、翌日から債権者（お金を貸した側）の波状攻撃を受けた。債権者も開拓農協の幹部も、私を、『業務管理官』と呼ぶのである。いくら説明しても、開拓農協が再建されるまで訂正されることなかった。開拓農協幹部には都合のよい緩衝地帯であり、債権者から見ると風のように頼りない開拓農協よりも、業務管理官殿に一本釘を刺しておいた方が有利だと過信したのかも知れない。

業務管理官の虚名を負わされた私は、すでに、組合長印まで保管させられることになった。組合員もそれを要望したのだから、恐れ入る。まさに、農業協同組合法の精神を黙殺した無法地帯である。

電化事業の死活問題、旅費が底をつく

この組合は、小水力発電事業に八、〇〇〇万円近く投下したと云われながら、実際の資産評価をすると五、〇〇〇万円に満たなかった。電化事業は開拓農協の死活問題であった。自然と電化事業の再建計画が私の肩に掛かってきた。牛や豚の設計なら曲がりなり誤魔化せるが、電

気となると、まず、幼稚園（初歩）から始めなければならなかった。

計画樹立のため札幌に出張して一ヶ月近くも滞在するのに、開拓農協から貰った旅費は、僅か五、〇〇〇円。当時のM係長が心配して職員を偵察によこし、旅費を届けて呉れた。親戚縁者をまわって露命を繋いでいた私は、近郊から通う汽車賃も無くなっていた。お金のないことに不感症になっていたが、流石にこの時は嬉しかった。

夜行列車の床に新聞紙を敷いて眠る

今、この開拓地を訪れて、高原の送電線を見ると、私にだけしかない以前のことを思い出させる。今は廃墟となった発電所にも、移り行く時の痛いような追憶がある。振り返ってみれば、開拓農協の再建は、一歩一歩前進していたのであるが、渦中にある私たちには、いつ果てるとも知れない台風の中の渦にもまれているようなものであった。

経済問題から発展して思想、政治の問題としても新聞紙上を沸かせた。この間、道庁、支庁のとった指導は、異常なほどの執念であり、一つの開拓地の問題に、これほどの精力と努力をつぎ込んだことは、おそらく他にないであろう。

私は、支庁と道庁との間をトンボ帰りすることも随分あった。急行も走っていないその頃は、混雑する夜行列車の床に新聞紙を敷いて眠った。なかなか快適なものだった。

情報分析にあたって、道の関係者は理論的展開を追求するが、現地の実情は理論や筋道で動いていない。私は、『N町感覚』と説明して大笑いになった。以来、開拓部の関係者の中では、新語として流行した。夜も昼もない毎日が続いた。

執拗《しつよう》な身辺調査

ある日、係長一行が自宅を訪ねてきた。妻は私の所在を知らなかった。恐縮する妻に、満足げな係長の態度に、頭にきた妻は、公務員の規律を追求した。係長は陳弁で言い訳をする一幕もあったという。

無理もなかった。その頃、私の身辺は執拗な嫌がらせの調査が行われていた。取引していた業者から日常の購買品はもとより、出張まで克明に記録されていた。占領下の樺太でソ連の秘密警察の目に見えない脅迫の網を潜ってきた私は、それがひどく幼稚なものとして笑殺する余裕があった。

何か魂胆があるのだろう

説得のため集落に行っては吊るし上げられた。軍服を着た髭武者が車座になって、『お前がここに来るからには何か魂胆があるのだろう』という言葉から始まるのである。そこには、苦しい開拓と生活苦からくる刺々《とげとげ》しさと、すべてのものに対して不信感があるだけであった。

面白いことに一〇数年を経た今日、笑顔を向けてくる人たち、自宅を訪ねて来る人たちのほとんどは、激しい論争をした人たちである。主張が異なっても、誠意は万人の胸に共通して流れている。

私は、だんだん、このような生活に慣れてきた。債権者の集団を前にして、痩せニワトリの肉をしゃぶるのか、卵が欲しいのかと、聞く図々しさも教えられた。

新聞紙に包んだ二〇〇万円

経理の整理が進む段階では、新聞紙に包んだ二〇〇万円のお金を階段の下で渡した。受け取らぬの珍談が飛び出したりして、けっこう楽しいものもあった。

会計の整理、電化事業の再建、資金調達、立木処理などに加えて盗伐問題などの余興が飛び出したりして、数年ほどは、現地を知る機会もなく、瞬く間に過ぎた。

混乱に混乱を重ねてきた開拓農協も、やがて、再建の道を歩み出す時がきた。多くの開拓者の組織自営の気運が湧き上がってきた。その記念すべき総会の感激は、忘れることができない。会場は熱気を帯び、人は波のように揺れた。開拓農協の膨大な負債も片付き、再建が軌道にのってきた。

開拓営農指導員の本来の姿

しばらく、開拓営農指導員本来の姿に戻ることができた。仕事は山のようにあった。何をおいても生産基盤の拡大を図ることが先決であった。

成功検査を前にして、戸あたりの補助済面積は六町歩であったが、実面積は、四町歩に過ぎなかった。耕地の倍加と補助面積の倍の開拓をする倍率開墾を合い言葉に運動を展開した。この時、開拓農協は、耕運機二五台を一挙に投入できる余裕を持つようになっていた。

経営指導では、草を作る農業（酪農）を説き、豆（畑作）をこの高原から追い落とせと叫び、大勢の失笑をかった。ハコベ（雑草）作りなら俺（開拓者）たちの方が先生だと威張られた。

農業生産の主軸、畜産

隔世の感に堪えない。当時、道庁が膨大な調査を行った結論は、混同（畑作と酪農）経営であった。新農村建設などの計画も混同経営であった。

熱心な一人の開拓者が行った気象観測のデータでは、混同経営を許すような条件にはなかった。この隠れた献身的な記録は、私たちの指導の方向を誤らせなかった。今、この開拓地の畜産（酪農）は、農業生産の主軸となって、発展を続けている。

開拓農協も開墾補助金や建設工事のピンハネから農業経済に立脚する開拓農協本来の経営に入っている。我々が蒔いた小さな種子も芽を吹き、年々、成長していくのを見るのは楽しい。

現在、開拓制度が云々されている。制度のある限り開拓者と共にありたいと願うのは、私の密かな願いである。未墾の地を拓き、そこで生産をあげ、人を定着させ、文化を創造していくことは何物にも替え難い喜びであり、誇りである。

開拓営農指導員となった当時、フサフサとした頭の髪も面影がなくなった。任地ごとに抜け落ちた髪の毛も、それほど開拓地の肥料にならなかったことを思い返して、内心、忸怩《じくじ》（深く恥じ入ること）たるものがある」。


（『開拓営農指導員・開拓保健婦制度実施二〇周年記念誌』から要約引用）

開拓営農指導員の思い出・その二

昭和五三（一九七八）年発行、『大樹町戦後開拓史』から、松田清之さんの「拓土は実れども」を要約して紹介する。

離農が続出

「私は、昭和三八（一九六三）年一〇月。新任地に着任した。以来、昭和四二（一九六七）年五月まで、開拓地の皆さんにお世話になった。

その頃は、緊急開拓も整理の段階にあり、すでに、農家においても離農、転業旋風が吹き荒れている時代だった。追い打ちをかけて、昭和三九（一九六四）年、昭和四一（一九六六）年は、冷害に見舞われた。基盤もしっかりせず、気候、風土も良くなく、開拓地は苦境に突入した。

時期はあたかも、開拓農家に対する離農助成対策として、なにがしの選別（離農補助金）が国から出されたこともあり、離農者が続出した。光地園地区、昭徳地区（大樹町）においては、三戸を除いて他の開拓農家が、鍬を捨て、血のにじむ思いで拓いた土地を後にした。

優秀な開拓農家の紹介

本人の了解を得ていないのでSさんと呼ぶ。

この開拓農家は、大樹町に終戦直後に入植した。その頃、Sさんの経営は、乳牛七～八頭の畑酪経営であり、畜舎は掘立のオンボロであるが、住宅はまだ新しいモルタル塗りの立派なものだった。

家族は、Sさん夫婦に、真面目な青年の息子さん、それに中学を終わって間もない可愛いらしい娘さんの四人暮らし。奥さんは身体が弱く家事程度しか働けなかった。

戦前は職業軍人であったらしく、叩き上げの下級将校が、現在、なお、無骨な一面が見られた。当時は例に漏れず裸一貫で入植し、小さな子供三人を抱えて開墾に専念した。

一貫した信念として、借金をしないことであり、したがって、最低利息の開拓者資金さえ少ない。その見返りとして、相当に耐乏生活に甘んじたらしく、近所の既存農家に異様な目で見られたと夫婦ともに語っていた。

その影響は、子供にもおよび、小、中学校を通じて、家に帰ると野良仕事の手伝い、農繁期にはいつも学校を休まされていた。成長した子供たちを眺めながら、この子供たちは、ジャガイモばかり食べさせていたので、イモの生まれ変わりだと苦笑していた。苦節一〇数年、努力の結果が現在であり、これからが楽しみな畑酪経営であった。

私は、仕事柄、開拓者の皆さんについて経営状況、特に借金の具合について、本人よりもよく知っていた。Sさんは、借金がない優秀な開拓者の一人であった。入植後の苦労がしのばれ、残念なことに離農した。その過程を紹介する。

最大の悩み、花嫁さん

Sさんにとって、最大の悩みが一つあった。それは、息子さん（当時、二五～二六歳）の嫁さんのことである。農村の花嫁さんは、なかなか見つからないことを十分承知のSさんは、その受入準備として、住宅を新築した。『本当は、作業効率の良い、近代的な牛舎を建てたかった』と、話していた。

すっかり、Sさんの心意気に感心した私も、及ばずながら花嫁さんを見つけるため、東奔西走した結果、花嫁候補を捜し出し、見合いにこぎ着けた。見合いの当日、オートバイで息子さんを迎えに行くと、自宅の前に、白い軽自動車が止めてあった。来客の気配もないので、『もしや』と羨望のまなざしで聞いてみると、やはり、購入したとのことだった。当時、自家用車の所有は高嶺の花の時代だった。

ところが、Sさんにとってみれば、軽自動車を購入するのに、借金をするわけでもなく、隠してある壺から、汗の結晶をひとつまみ取り出したに過ぎないかもしれないが、説明するのには、『我が家に嫁さんを来てもらうのに、少しでも、好条件に繋がるのなら、決して無駄なことは思わない』とのことであった。結局、その縁談は、失敗に終わり、仲人の難しさを痛感した次第である。

縁が遠い縁談

Sさんは、他の人たちにもお願いしていて、町の名士の中にもお世話をした方もいた。縁が遠かったというより言いようがなく、縁談はうまくいかなかった。もちろん、息子さんに欠点があるわけではなく、背丈が多少低いが、真面目で、男ぶりも良く、頭脳も明晰な好青年である。その後も、Sさんの家に再三訪問していた。今もなお、時おり私の心の中にズッシリと鉛のごとく感じられるSさんの言葉を思い出すことがある。

『私も何とか人様に笑われないような農業ができるようになり、これからも楽しみだし、これほど、生きがいのある仕事はない。息子にも大きな犠牲を払わせたので、何とかして嫁さんを貰ってやりたい。

もし、開拓者であるが故に、嫁さんがあたらないならば、これは親である私が選んだ道であるから、私に責任があり、ちかい将来とも息子の嫁さんが見つかりそうでなかったら、離農する』と、話した。

拓土は稔れども、離農

その後、私は転勤になり、しばらく後、大樹地区の同僚から、Sさんは、息子の嫁さんを捜しあぐねて、離農した、との話を聞いた。

人生の後半に命をかけ、営々と切り開いた拓土は稔れども収穫をせずに、手放さねばならなかった、その心情は察し余るものがある。開拓に成功した立派な模範農家が、離農しなければならなかった。

その背景には、何があったのであろうか。戦後開拓の功罪の云々は、私たち如きに判断のしょうもないが、今もなお、土地を離れた人にも、定着している人にも、開拓の残痕が身体に染み付いている」。

（『大樹町戦後開拓史』から要約引用）

開拓営農指導員の思い出・その三

昭和五三（一九七八）年発行、『大樹町戦後開拓史』から、中山泰さんの「とこしえに忘るなまじや開拓の時」を要約して紹介する。

ペンを鍬に

「戦後開拓以来、三〇年目を迎え、振り返ると感無量の思いがある。

昭和二〇（一九四五）年。強制疎開や緊急開拓事業で入植が始まり、未墾の原野や人里離れた山間僻地、耕地防風林の解放など受け、ペンを鍬に農業の経験のない人々が、お互いに励まし合い、大地と血みどろの戦いを続けたことは、周知の事実である。いかんせん、志半ばにして出身地や親戚を頼って離農した方々も多い。その中で、今日、志を貫き、それぞれの経営を行っている方々に対して、敬意を表する一人である。

谷地坊主の土塁

私は、昭和二五（一九五〇）年、開拓営農指導員を拝命してから、音更町に七年、その間、大樹町の坂下方面入植者の一部を移転入植で受け入れて、大牧（音更）の開拓地が、現在のような立派な地域となった。戦争の使命を終えて解放された農林省十勝種畜牧場が、大牧開拓地であった。

泥炭地のため谷地坊主を切り取り、積み重ねた土塁が、あたかも城壁のように累々と立ち並び、秋には、それに火がつけられて、一週間も一〇日も煙が絶えることがなかった。その灰の跡に、ホウレンソウを栽培したら、怪物のような大きな野菜ができた。そのようなことが、今も思い浮かぶ。

熊やエゾシカの被害

昭和三二（一九五七）年の春、足寄町に転勤を命ぜられ、ここでは、九年間、日本で一番広い足寄町を担当した。この時は、初代の開拓営農指導員であった片貝義明さんと一緒に仕事をした。

標高五〇〇メートルを超すようなところで、開墾の鍬を振るった人たち、当時は、道路も悪く、水道もなかった。電気は小水力発電を行って利用していた。

茂喜登牛川で、夜中に、熊が石を返して、ザリガニを捕る音を聞き、牧場の乳牛や馬が熊に襲われた悲劇を目のあたりにし、エゾシカの群れが、川を渡るときの音に驚き、農作物は、エゾシカに食い荒らされて皆無となり、生活の糧がなくなることもあった。

和牛の導入

幸いに、昭和二六（一九五一）年から国有貸付の和牛が入り、大樹と同じく生産基地としての役割を果たすようになった。換金性の遅い和牛の飼育から、乳牛の飼養に切り換えて、現在、二～三戸が多頭飼育を行っている人たちもいるようである。乳牛の牡犢《ぼとく》（雄仔牛）の育成にも農協が力を入れ、生産基地としての役割を果たしている。

一時は、六〇〇戸もの入植者があった。現在は、三〇〇戸を割ってしまったが、在農者の規模は拡大している。

昭和四〇（一九六五）年の秋、浦幌町へ転勤を命ぜられ、三人の部下をもつ長となって、吉野から豊頃、大津、十勝太にわたる広大な湿原を拓く開拓地の指導を担当した。

泥炭地の中での甜菜《てんさい》（ビート）の栽培に、客土試験や北糖原料事務所と協力して、いろいろな試験を試みたが、なかなか三トン（一〇アール当たり収量）の壁を破ることが難しかった。

その後、今では、立派な作物が収穫できる耕地となって、甜菜共励に揃って賞を戴くまでになった。

農業改良普及員に移行

昭和四二（一九六七）年は、川西開拓農協が、管内でいち早く一般農協と合併を行い、ついで、昭和四四（一九六九）年までには、ほとんどの開拓農協が、解散、吸収などで、一般農協の組織下に入った。

昭和四五（一九七〇）年四月一日。我々、開拓行政の末端を担っていた開拓営農指導員が、農業改良普及員に移行され、暫時、開拓行政の後始末をすることになった。その時、どのような弾みか、私は大樹に移動になり、広尾、忠類、更別の四町村の開拓の後始末をせよとの命令が出て、昭和四五（一九七〇）年八月に大樹に転勤した。

以来、昭和四五（一九七〇）年に、広尾の整理対策を終え、昭和四六（一九七一）年には、大樹開拓農協を最後に、負債と整理対策が終了して、それぞれ解散式を行った。戦後、二七年も続いた開拓行政に終止符を打った。

振り返ってみると、開拓者の血の出るような努力の影に、負債と荒廃地を残したに過ぎないような気がするのである。（中略）。

以上のように、私が開拓と共に歩んだ道は短くても、戦後開拓の残した功績は大きい。（中略）。ここにその御労苦をたたえ、在農者の発展を祈ってやまない」。

（『大樹町戦後開拓史』から要約引用）

開拓保健婦の設置

昭和四年（一九二九）からの「開拓医並びに拓殖産婆制度」は、昭和二一（一九四六）年度で廃止になった。

昭和二一（一九四六）年。新しく道庁令で、「開拓医並びに開拓産婆規定」が定められ、戦後の緊急開拓に適用されることになった。

昭和二三（一九四八）年一一月。国の「入植者文化厚生指導方針」に基づき、これに開拓保健婦を加え、新たに「開拓医、開拓保健婦及び開拓助産婦設置規則」が制定された。開拓地における保険衛生および生活指導は、新設の開拓保健婦を中心に行われることになった。

昭和三三（一九五八）年。開拓地に於ける開拓保健婦の業務が、極めて過度なものであり、また、現地から、その活動に多大な期待と信頼が寄せられていた実情から、開拓保健婦の身分の安定を早急に図る必要があった。

このため、道は、従来の設置規定から開拓保健婦を分離し、新たに、「北海道開拓保健婦設置規定（昭和三三年一〇月道訓令）」を定めた。

開拓保健婦の業務内容は、開拓農家の保険衛生、生活改善の指導が主であったが、これらの指導は、営農の促進による開拓経営の安定確立を軸としたものであったことから、開拓営農指導員と密接なもとに業務が推進された。

昭和二三（一九四八）年。開拓保健婦の配置は三九名。

昭和四五（一九七〇）年三月。開拓行政終了時、開拓保健婦は、一〇三名。その後、農林省所管から厚生省所管の保健所に移行された。

（『北海道戦後開拓史』から要約引用）

開拓保健婦として

辺地農山村保健婦の会・北海道わらび会会長、大西若稲さんの『拓土に花は実りて』の「発刊に寄せて」の文章を紹介する。

開拓保健婦の業務のまま保健所に移行

「開拓婦人部記念誌が、開拓二五年を記念して発行されると聞き、はるか北の原野からお喜び申し上げます。

昭和二三（一九四八）年以来、開拓地に駐在し、皆様の健康の相談相手として、仕事を進めさせて頂きました。私たち開拓保健婦も、昭和四五（一九七〇）年四月から、農林省所管から厚生省所管となり、末端においても、それぞれの保健所に移されました。

この移管に際して、開拓婦人の方々の絶大な支援があり、今まで通り、現地駐在、地域担当ということになり、したがって、開拓保健婦として業務のまま、保健所に移行することができましたことは、私たちは大変喜んでいます。

過労と栄養不足、貧困と疾病

北海道の未開地や荒廃地に集団で、あるいは、個々に入植が開始されたのは、昭和二〇（一九四五）年頃からだと思います。その当時の開拓者の方々が、全くの無から有を作り出される苦労は、誠に、筆舌に尽くし難いことがあったことを、今、しみじみと、思い起こしています。

入植当初の開拓農家の方々は、『明日、いかに食べていくか』というギリギリの問題を抱えていました。野草をいかにして食膳にのせるか、実りの秋までの食費つなぎをいかにするか、というような切実な問題もありました。

営農は軌道にのらず、過労と栄養不足、貧困と疾病の悪質環は、開拓者の方々を苦しめました。私たちは、開拓者の中にいて、苦しみを肌に感じ、『どうしたらよいのか。何とかしなくては』という悩みで、この小さな頭を痛めていました。

二〇数年の努力は、あの当時の苦しみを思い出話として語り得る、時の流れを感じさせる現在になりました。あるいは、既存農家をはるかにしのぐ、経営を勝ち取られた方も、昔の開拓住宅を新たに建て直された方もいます。その生活の様式も、めまぐるしく、変化していったことと存じます。

その間、何人かの方々が、せっかく慣れ親しんだ土地を捨て離農しました。私たち開拓保健婦は、この開拓地を中心に、社会情勢の変化に対応される農村の方々の働きを見守らせて頂きました。

過疎化現象、医療辺地の問題

長い年月には、現地の開拓農家の方々とは、まるで親子でもあるような親しみを覚え、離れることのできない距離までに接近していました。農村における最近の新たな問題として、過疎化現象や医療辺地の問題、機械化による営農改善の健康に及ぼす影響、老齢生産層の健康管理の問題などがあります。

私たち旧開拓保健婦は、この健康上の問題点、未だ山積みになっていることに対して、しかも、親しくして頂いた開拓農家の方々の傍を離れることは、苦しい気持ちでいます。同時に、長い間、私たちの業務の場として迎え入れて頂いた、開拓農家の方々に、心からお礼を申し上げます。

私たちは、保健婦業務から考えましても、保険衛生上の問題点ばかりでなく、生活面においても、気兼ねなく相談に来て頂いて、微力ながら、何らかのお手伝いをできましたことは、本当に有り難い仕事と思っています。

私たちが、現地において、育児法のお手伝いをさせて頂きました、その頃の赤ちゃんも、成人され、社会人として立派になられていることと存じます。

開拓婦人部が各省に陳情

開拓婦人部は、組織としての成長をされ、私も、何回か婦人部のお招きにあずかり、集会にお邪魔させて頂きました。何時の集まりにも、ご婦人方の真剣なお話し合いには、感激していました。

結成当時は、支庁が産婆役（指導、まとめ役）を務めていましたが、いつの間にか、それが自主的な活動に移され、開拓婦人自らの手で運営されるようになり、私たち開拓保健婦の身分移管の時点において、遠く、東京までも上京され、婦人部大会に、訴えて頂き、各省に陳情、請願運動まで展開して頂いたことを、深く心に刻んでおります。

開拓保健婦は、辺地農山村保健婦という名称になりましたが、できることなら、従来通り、皆様とともにありたいと希望していますので、今後、制度がどのように変更されましても、そこに人が居る限り、生命を守るため、お互いに手を取り合って、生命を大切にする活動を続けていきたいものと考えています」。（『拓土に花は実りて・戦後開拓婦人文集・体験記』から要約引用）

足寄・開拓農家の保健指導・開拓保健婦・助産婦

昭和二二（一九四七）年。医療機関から遠く離れた開拓地に、保健衛生の指導者、開拓者の良き相談相手として、開拓保健婦が制度化された。生活条件に劣る開拓地に勤務を希望する保健婦が少なく、道庁に要望してもなり手がなく、しばしば問題となった。開拓保健婦は、健康管理から生活改善まで、訪問指導を行った。

昭和三五（一九六〇）年三月四日。足寄の白糸開拓診療所が、開拓者入植施設補助事業として、塩幌一二六一番地、現在の白糸集落センター付近に設置された。

診療所には、病院の医師による定期的な出張診療が行われ、開拓保健婦、浅川知子さんが常駐した。

昭和四五（一九七〇）年三月三一日。開拓行政が終了した。開拓保健婦の存続を望む開拓者が多かったが、開拓保健婦制度が廃止になり、保健婦の常駐も廃止になった。開拓保健婦は保健所の管轄となった。

（『足寄百年史・下巻』から引用）

足寄・助産婦、池田ヒロミさん

足寄町開拓農業協同組合創立三〇周年記念誌「硬骨の賦・清水地区　佐藤潤治さん」から、要約して紹介する。

女神のような存在

「助産婦さんの池田ヒロミさんは、石治郎さんの奥さんです。

昭和二二（一九四七）年四月。茂喜登牛地区に入植。当時、開拓には、いろいろな問題が山積みでした。その中でも、医療施設のない開拓地では、お産のことが心配でした。二三（一九四八）年頃はベビーブームですから、それは大変なことで、各家庭の重大事であったわけです。

池田ヒロミさんが、満州時代、助産婦であったという話しを聞いて、私たちは、村役場の課長さんや芥川保健婦さんに、指導と協力をお願いして、助産婦さんとして働いてもらうことにしました。以来、風の日、雨の日、夜となく、昼となく懸命に活躍しました。時には、馬に乗って駆けつけてくれることも、しばしばでした。

茂喜登牛地区はもとより、植坂、柏倉、白糸の各地区までも足を延ばし、その苦労は大変なものでした。

以来、三〇年、その時、取りあげた赤ちゃんは、立派に成長して後継者として、あるいは、一般の社会人として、それぞれの分野で活躍しています。

助産婦さんは、この世に生を受けた者の取り上げ役として、その数、一〇〇数人。目立つ事のない、影の協力者でした。不安と期待の入り交じった心の中で、助産婦さんを迎え、その姿は女神のような存在でした。

私は、開拓三〇周年の記念誌を借り、池田ヒロミさんの益々のご健康を祈り、影の功労者に深い感謝を送ります。

開拓地　萩の鞭折る　産婆かな」。

（『足寄百年史・下巻』から引用）

第九章

十勝の開拓農業協同組合

開拓農業協同組合、設立の経緯

昭和二〇（一九四五）年一一月。農林省は、「開拓者組織要領」を示し、戦後開拓者の団体について、新農村の建設を目標とした開拓事業の達成を図るため、戦後開拓者の組織化を推進することとした。

昭和二一（一九四六）年三月。北海道では、拓北農民団が拓北農兵隊により構成されて、全道連絡組織として「拓北農民団協議会」が結成された。これが開拓農民の手による当初の自主的な組織である。

昭和二〇（一九四五）年から昭和二二（一九四七）年頃の時期において入植者は、帰農組合、開拓組合、就農組合、農民組合、開拓団、帰農実行組合、開拓実行組合などの名称で、自然発生的に共同組織を結成した。

当時は、入植、開墾、生活、建設など事業のすべてが、行政のつながりの中で行われた。開拓組織は、世話所的機能が必要であり、補助、融資から土地配分に関する調査、申請などの事務を組合の仕事として処理しなければならなかった。これら開拓組織は、行政と直結する末端組織として、役割を果たした。

昭和二一（一九四六）年一二月。道開拓者連盟により開拓協同組織の設立推進が決定された。

昭和二二（一九四七）年一〇月。開拓協同組合準備委員会を作り、専門委員会を設けた。引き続き道開拓者連盟は、開拓農協連合会の構想を発表した。

昭和二二（一九四七）年一一月。農協法施行に伴い、これと前後して開拓農協設立推進委員会は、道内ブロック別協議会を開催して、具体的に設立運動を展開した。

昭和二三（一九四八）年。開拓団体は、開拓農協設立に関して、北海道農業会との間で協議を進めて諒解を得た。

このような経過をたどって、北海道の開拓農業協同組合は、農協法の施行と共に、昭和二三（一九四八）年から昭和二四（一九四九）年頃にかけて、急速に設立が進められた。

なお、産業組合、農業会の長年にわたる基礎の上に成り立っている一般の農業協同組合と異なり、開拓農業協同組合は、開拓行政の実施に伴って、戦後、全く新しく設立された組織である。

（『北海道戦後開拓史』から要約引用）

開拓農業協同組合の主な業務

入植者の受入、これに伴う諸手続、開拓資金の借入手続きなど、事務的業務を行った。

主な業務内容。

一、営農資金の借入、貸付。

二、共同施設資金の借入、貸付。

三、特融農機具の借入、貸付。

四、農耕馬、乳牛資金の借入、貸付。

五、開墾補助金の交付。
六、住宅補助金の交付。
七、生活必需品の配布。
八、澱粉工場などの運営。
九、その他、購買品、販売品、一般貸付など。

（『芽室町八十年史』から要約引用）

十勝管内の各開拓農業協同組合の概要

十勝管内の開拓農業協同組合の概要について、『各市町村史』と、『北海道戦後開拓農民史』から紹介する。

音更町開拓農業協同組合

- 設立、昭和二三（一九四八）年九月一〇日。
- 住所、音更町。
- 組合員数、六〇戸。
- 初代組合長、相馬武男。
- 歴代組合長、相場武雄、永瀬長吉。
- 解散、昭和四一（一九六六）年四月一二日。音更町農業協同組合と合併。

・組合員数、六四戸。
・清算人（理事就任）、永瀬長吉、小玉鉄郎、浅川正利、美籐一幸、中高一二、島津澄次、
　山川武夫。
・監事、村谷盛、田守重信。
（『音更百年史』、『北海道戦後開拓農民史』から引用）

音更町大牧開拓農業協同組合

・設立、昭和二六（一九五一）年八月一七日。
・住所、音更町字下音更東一線二五。
・組合員数、六七戸。
・初代組合長、長岡登太。
・歴代組合長、長岡登太、石井伍市、三木猪三郎、名内宗重、長岡登太、内藤定光。
・解散、昭和三九（一九六四）年四月一五日。音更町農業協同組合と合併。
・組合員数、一三八戸。
・清算人（理事就任）、内藤定光、曽我部三郎、奥山隆治、木村正雄、吉田孝治、高野梅夫、
　山際誠治。
（『音更百年史』、『北海道戦後開拓農民史』から引用）

士幌町開拓農業協同組合

・設立、昭和二三（一九四八）年四月一九日。
・住所、士幌町字士幌西二線一五九番地。
・組合員、七六戸。
・初代組合長、勇富五郎。
・歴代組合長、勇富五郎、八木隅雄、古川利雄、太田寛一。
・理事、古川利雄、藤野弘、太田寛一、林忠夫、大野俊雄、大阪源治。
・監事、八木隅雄、井上金次郎。
・解散、昭和三〇（一九五五）年七月一一日。
　解散後の開拓事務は、士幌町農業協同組合に委ねる。
・組合員数、七一戸。
・清算人（理事就任）、太田寛一、細井茂、中島周次郎、仙石隆、加納力、神保長寿、八木隅雄。
・監事、田中幸一、大野俊雄。
（『北海道戦後開拓農民史』から引用）

上士幌町開拓農業協同組合

・設立、昭和二四（一九四九）年九月二四日。
・住所、上士幌町字上士幌東二線二三八番地。

・組合員、二八名。
・初代組合長、松本万次郎。
・歴代組合長、松本万次郎、長谷部正雄、玉木東一、長尾寛一、新村源雄。
・合併、昭和四四（一九六九）年一一月一七日。士幌町農業協同組合と合併。
・組合員数、九〇名。
・組合長、新村源雄。
・理事、片寄甚衛、石川清、渡辺信行、天間佐太雄、柳内正、横関義秀、佐々木実。
・監事、玉木東一、佐藤輝彦、大留敏。

（『北海道戦後開拓農民史』から引用）

鹿追町開拓農業協同組合

・設立、昭和二三（一九四八）年九月一日。
・住所、鹿追町東町一丁目。
・組合員、六四名。
・初代組合長、大西利晴。
・歴代組合長、大西利晴、木村政重、小林芳治、木村政重、蝦名岩太郎、武藤昇、橋本安平。
・理事、木村政重、松岡潤一郎、倉本正蔵、小林守機、大久保保、中尾喜代治。
・監事、田中忠、布施豊夫、白木嘉治。

・解散、昭和四六（一九七一）年三月一日。
・組合員、二六名。
・清算人（理事就任）、橋本安平、武藤昇、村田亀寿、富田清、若原昇、増田睦二、
金子七五郎。
・監事、薬師繁雄、遠藤長三郎、乗久直吉。
（『鹿追町七十年史』、『北海道戦後開拓農民史』から要約引用）

新得町開拓農業協同組合

・設立、昭和二三（一九四八）年六月二三日。
・住所、新得町字上佐幌西四線三六番地。
・組合員、六七戸。
・初代組合長、藤岡繁春。
・歴代組合長、藤岡繁春、高橋勇、上田英雄、大友次郎、藤正健児、田近正俊。
・理事、染谷一郎、品川俊治、高橋勇、藤正健児、鈴木寅雄、大友次郎、井上伝、大久保剛、
上田英男。
・監事、高橋実、岩木善司、原諭。
・解散、昭和四七（一九七二）年五月二〇日。

・組合員数、四九戸。
・清算人（理事就任）、田近正俊、浅野五郎、武藤博、大場正男、原諭。
・監事、佐藤竜太郎、渡辺健司。
（『新得町百二十年史・上巻・下巻』・『北海道戦後開拓農民史』から引用）

新得・富村牛開拓農業協同組合

・設立、昭和二五（一九五〇）年四月七日。
・組合員数、四七戸。
・初代組合長、鈴木善蔵。
・歴代組合長、鈴木善蔵、長屋鉄男、藤森寅之助、原田藤三郎、田近正俊。
・合併、昭和三二（一九五七）年二月。
（『北海道戦後開拓農民史』から引用）

清水町開拓農業協同組合

・設立、昭和二三（一九四八）年八月六日。
・住所、清水町字清水二線五九番地。
・組合員、四二戸。
・初代組合長、鈴木庄八。

・歴代組合長、鈴木庄八、越田利助、真田勇松、小泉勇、羽賀参治、小泉勇、鈴木庄八、
橋本朝治郎、本宮恭一、小助川正。
・理事、鈴木庄八、煙山要造、芳賀燦司、真田勇松、小泉勇。
・監事、横山貴一、越田利助。
・解散、昭和四八（一九七三）年一一月二〇日。
・組合員数、一四名。
・清算人（理事就任）、小助川正、本宮恭一、後藤三郎、岩切信雄、宮崎勇。
・監事、岩田実。
（『清水町百年史』、『北海道戦後開拓農民史』から引用）

御影開拓農業協同組合

・設立、昭和二三（一九四八）年六月。
・住所、清水町字御影南一線六四番地。
・組合員、四三名。
・初代組合長、加藤源太郎。
・歴代組合長、加藤源太郎、堤正則、山本四郎、小島茂蔵、佐藤欽一、山冨光蔵、水野光治。
・理事、加藤源太郎、三浦光治、吉田収治郎、池永義彦、佐藤欽一、佐々木高輔。
・監事、小島茂蔵、水野光治、真船幸作。

・解散、昭和四七（一九七二）年三月二九日。
・組合員数、二三戸。
・清算人、水野光次、亀井圭三、佐藤俊夫、渡辺憲二、山冨捷次。
（『清水町史』、『清水町百年史』、『北海道戦後開拓農民史』から引用）

芽室町開拓農業協同組合

・設立、昭和二三（一九四八）年一一月八日。
・住所、芽室町西一条三丁目二番地。
・組合員、一四四名。
・初代組合長、秋元菊雄。
・歴代組合長、秋元菊雄、金高源三、二神憲吉、秋元菊雄、小丹枝喜吉。
・理事、奥平信之介、水上勇三、鈴木勇三、金高源三、佐野能治。
・監事、寺西洋三、玉井幸次郎。
・解散、昭和四六（一九七一）年六月二一日。
・組合員数、四三名。
・清算人（理事就任）、小丹枝喜吉、竹田和夫、日崎務、平田馬吾太、相川武司、佐々木弥市。
（『芽室町八十年史』、『北海道戦後開拓農民史』から引用）

中札内村開拓農業協同組合

・設立、昭和二三（一九四八）年七月三日。
・組合員数、六九戸。
・歴代組合長、神代賢吉、谷崎求、児島忠一。
・解散、昭和三四（一九五九）年。中札内村農業協同組合と吸収合併。

（『北海道戦後開拓農民史』から引用）

更別村開拓農業協同組合

・設立、昭和二三（一九四八）年八月一二日。
・住所、更別村字更別南一線九三番地。
・組合員、一八六戸。
・初代組合長、宇田川禅三。
・歴代組合長、宇田川禅三、本間信男、川井忠三、荒木六七八、玉川富一、松井倉司、木平正次郎、山角栄一。
・理事、斎藤寛、荒木六七八、奥山正道、向永万吉、藤沢一春、藤岡三郎。
・監事、本間信男、谷地政一、新山良太郎。
・解散、昭和四六（一九七一）年六月一二日。

・組合員数、五一戸。
・清算人（理事就任）、荒木六七八、島田三郎、奥山綴郎、横州康久、松井倉司。
（『更別村史・続編』、『北海道戦後開拓農民史』引用）

更別村開拓農村工業協同組合

・設立、昭和二三（一九四八）年九月一七日。
・組合員数、一八六人。
・解散、昭和四六（一九七一）年五月二五日。
・組合員数、一二戸。

設立目的、開拓者の入植早々の時期に、現金収入を得られるよう講じられた協同組合である。当初、現金収入を得るため、味噌を製造した。数年で行き詰まり事業を中止、負債を抱えたまま、開拓農業協同組合の管理下に置かれ、解散した。この開拓農村工業協同組合は、十勝管内で一〇組合が設立されたが、ほとんど途中で休止組合となった。
（『更別村史・続編』から引用）

大樹町開拓農業協同組合

・設立、昭和二三（一九四八）年六月二三日。

・住所、大樹町東本通三三番地。
・組合員、二〇〇名。
・初代組合長、吉田敏夫。
・歴代組合長、吉田敏夫、青柳克己、吉田敏夫、菅原万寿、堀内良朔、森下勇四、堀内良朔、
吉田敏夫。
・理事、野崎久一、吉本七之助、香川儀一、大野一三、原田健治。
・監事、森下勇四、田辺太郎、岩松宏美。
・解散、昭和四七（一九七二）年二月二五日。
・組合員数、七六名。
・清算人（理事就任）、吉田敏夫、堀内良朔、山岸吉男、田辺太郎、山下清治。
・監事、上野巳之吉、斉藤盛。

（『大樹町農業史』、『北海道戦後開拓農民史』から引用）

広尾町開拓農業協同組合

・設立、昭和二三（一九四八）年五月二二日。
・住所、広尾町字紋別一八線四八番地。
・組合員数、三六名。
・初代組合長、大海豊。

・歴代組合長、大海豊、伊藤好作、池上正治、高橋友次郎、伊藤好作、池上正治、花久金次郎、高橋友次郎。
・理事、伊藤秋男、伊藤好作、池上正治、高橋友次郎、田辺松太郎、松村己代治。
・監事、山越磯治、神成次男、川井才太郎。
・解散、昭和四六（一九七二）年三月一日。
・組合員数、一五名。
・清算人（理事就任）、高橋友次郎、中里七郎、神成次男、遠藤三男、佐久間和朗。
・監事、佐藤保親、黒田勝治。

（『広尾町史・第三巻』、『北海道戦後開拓農民史』から引用）

幕別町開拓農業協同組合

・設立、昭和二三（一九四八）年八月一五日。
・住所、幕別町本町四五番地。
・組合員、一一二名。
・初代組合長、及川稔。
・歴代組合長、及川稔。
・理事、木村章、日野治安、逢坂栄一、志村幸三郎、福野芳彦、伊藤昇、上田磯次郎、長谷川哲二、松山幸一郎。

・監事、野尻基松、太田平治。
・解散、昭和四六（一九七一）年一一月。
・組合員数、七九名。
・清算人（理事就任）、日野治安、吉木由松、松田鉄男、深松外次郎、小田島四郎。

（『幕別町百年史』、『北海道戦後開拓農民史』から引用）

忠類村開拓農業協同組合

・設立、昭和二五（一九五〇）年三月二五日。
　昭和二四（一九四九）年八月。大樹村から分村して忠類村となる。そのため、大樹村開拓農業協同組合から分離、独立した。忠類村開拓農業協同組合には、大津村湧洞、生花苗地区の開拓者も参加した。
・住所、忠類村字忠類二五九番地。
・組合員数、六七名。
・初代組合長、古住基。
・歴代組合長、古住基、下村義明、東口一二、下村義明、東口一二。
・理事、山内文作、岩松宏美、鈴木幸治、大和田明。
・監事、重信安彦、佐藤亀蔵。

・解散、昭和四六（一九七一）年一一月六日。
・組合員数、三八名。
・清算人（理事就任）、東口一二、大野義雄、遠藤宗雄、大久保清二、坂本喜三郎、原兼松、下村勝。
（『忠類村史』、『北海道戦後開拓農民史』から要約引用）

池田町開拓農業協同組合

・設立、昭和二七（一九五二）年四月八日。
・住所、池田町。
・組合員数、一八戸（当初）。
・初代組合長、記載なし。
・解散、昭和四四（一九六九）年六月六日。
・その他、記載なし。
（『北海道戦後開拓農民史』から引用）

豊頃町開拓農業協同組合

・設立、昭和二三（一九四八）年八月二三日。
・住所、豊頃村字豊頃基線四六番地。
・組合員数、一〇一戸。

・初代組合長、石邑幸進。
・歴代組合長、石邑幸進、杉山重夫、今野義吉、杉山重夫。
・理事、土田勇、山田助次郎、中村義雄、棚瀬良一、中村武勝、太田真一、高橋保行、渡辺庄造。
・監事、山下弥平、長峰猛、名嘉山興英。

昭和五一（一九七六）年現在

・組合員数、一二八戸。
・組合長、杉山重夫。
・理事、今村博人、月岡馨、鹿又一、高橋忠夫、鈴木清政、愛沢満。
・監事、長峰猛、竹内斉二、相沢誠喜。

（『豊頃町史』、『北海道戦後開拓農民史』から引用）

本別町開拓農業協同組合

・設立、昭和二三（一九四八）年五月八日。
・住所、本別町大字本別村字仙美里。
・組合員数、二〇五名。
・初代組合長、黒須宇多雄。
・歴代組合長、黒須宇多雄、中島由春、黒須宇多雄、中川春市、渡辺一郎。
・理事、依田利徳、東留之助、近藤親貞、風間清徳、貝沼義信、上田久二、中川春市。

・監事、工棟権蔵、大村慶十郎、巻下俊雄、太田勘助。
・その他、昭和三四（一九五九）年、組合員九一名が、本別町開拓農業協同組合を脱退し、美里別開拓農業協同組合を設立した。
・解散、昭和六一（一九八六）年五月一日。本別農業協同組合に引き継がれた正組合員、男七二名、女三名、合計七五名、六四戸。準組合員男七名、女七名、合計一四名。
（『追補・本別町史』、『北海道戦後開拓農民史』から引用）

本別・美里別開拓農業協同組合

・設立、昭和三五（一九六〇）年一月九日。
・住所、本別町。
・組合員数、八一戸。
・初代組合長、渡辺一郎。
・理事、三浦市治、横山恒芳、滝沢勝、原田勝三、小笠原貢、佐々木博、遠藤勝義。
・監事、笹森留好、堀内直人、高橋和男。
・解散、昭和四六（一九七一）年三月三〇日。
・組合員数、五七戸。
（『追補・本別町史』、『北海道戦後開拓農民史』から引用）

本別・東北仙美里開拓農業協同組合

・設立、昭和二八（一九五三）年九月二二日。
・住所、本別町。
・組合員員数、二二戸。
・初代組合長、記載なし。
・解散、昭和三二（一九五七）年八月。
・組合員数、一六戸。
・その他、記載なし。

（『追補・本別町史』、『北海道戦後開拓農民史』から引用）

本別町開拓農産加工協同組合

・設立、昭和二三（一九四八）年六月八日。
・組合員数、四一戸。
・解散、昭和四六（一九七一）年六月二二日。
・組合員数、一二戸。

（『追補・本別町史』から引用）

足寄町開拓農業協同組合（西足寄村開拓農業協同組合）

・設立、昭和二三（一九四八）年七月二三日。

・住所、足寄村字足寄太基線八七番地の三二。
・組合員数、三二二名。
・初代組合長、加藤熊治郎。
・歴代組合長、加藤熊治郎、大滝弥助、加藤熊治郎、浅川昭二、小野寺良次、川手陸司、大滝弥助、小野寺良次、遠山　謙、横山末一、宮浦弘宗、熊沢芳潔、阿部正則。
・理事、大滝弥助、今村悦男、田中清之助、成瀬春一、浅川昭二、高橋興吉、吉田邑雄、高橋長吉、川手陸司、林芳男。
・監事、小野寺良次、工藤長吉、丹野喜平、熊谷幸一。
・解散、平成一七（二〇〇五）年九月一日。足寄町農業協同組合と合併により解散。
（『足寄町史』、『足寄百年史・下巻』、『北海道戦後開拓農民史』から要約引用）

陸別町開拓農業協同組合

・設立、昭和二五（一九五〇）年一一月八日。
・住所、陸別村分線五番地。その後、東二条三丁目一三番地。
・組合員、三二名。
・初代組合長、安西留三郎。
・歴代組合長、安西留三郎、間庭多嘉三、山崎弘太郎、篠原政春、金井源次郎、山谷三郎、山形由五郎。
・理事、木下安治、佐藤秀次、篠原政春、千田孝一。
・監事、五ノ井孝、白花利之助。
・解散、昭和四六（一九七一）年三月一一日。
・組合員数、一九名。
・清算人（理事就任）、山形由五郎、神芳次郎、伏見昌夫、木下安治、間庭修。
・監事、白花利之助、中村恒雄。
（『陸別町史・通史編』、『北海道戦後開拓農民史』から引用）

浦幌町開拓農業協同組合

・設立、昭和二三（一九四八）年四月一五日。
・住所、浦幌町字吉野一五六番地の二。
・組合員、六五名。
・初代組合長、吉田康登。
・歴代組合長、吉田康登、森松貫蔵、小田切吉夫、森松貫蔵。
・理事、北田清盛、長谷川政治、田中幸太郎、掛川達蔵。
・監事、高柳政五郎。田中二郎。
・解散、昭和四八（一九七三）年四月一日。浦幌町農業協同組合と合併。

・組合員数、一〇八名。

（『浦幌町百年史』、『北海道戦後開拓農民史』から引用）

浦幌・大津村開拓農業協同組合

・設立、昭和二五（一九五〇）年五月一〇日。
・住所、浦幌町。
・組合員員数、二八戸（当初）。
・初代組合長、記載なし。
・解散、昭和四六（一九七一）年二月一五日。
・その他、記載なし。

（『北海道戦後開拓農民史』から引用）

帯広・川西開拓農業協同組合

・設立、昭和二三（一九四八）年六月四日。
・住所、帯広市川西。
・組合員数、一六五戸。
・初代組合長、鷹津義彦。
・歴代組合長、鷹津義彦、井上己生二、児玉三作。
・理事、保坂義雄、井上己生二、伊藤男士、鎌塚明。

・監事、中田時四郎、小島清。
・解散、昭和四三（一九六八）年、川西農業協同組合と合併。
・組合員数、九七戸。

（『北海道戦後開拓農民史』から引用）

帯広・大正開拓農業協同組合

・設立、昭和二三（一九四八）年七月一六日。
・住所、記載なし。
・組合員数、四一戸（当初）。
・初代組合長、菊地正。
・歴代組合長、菊地正、吉田定治、遠藤一二三。
・合併、昭和三七（一九六二）年。
・その他、記載なし。

（『北海道戦後開拓農民史』から引用）

帯広市開拓農業協同組合

・設立、昭和二三（一九四八）年六月一七日。
・住所、記載なし。
・組合員、二三戸。

・初代組合長、美藤茂利。
・歴代組合長、美藤茂利、当初から合併まで。
・合併。昭和三四(一九五九)年四月二七日。
・その他、記載なし。

(『北海道戦後開拓農民史』から引用)

十勝開拓農業協同組合連合会

・設立、昭和二五(一九五〇)年六月一四日。
・住所、帯広市西一条南一一丁目一番地。
・組合数、三四組合。
・歴代役員、会長理事、加藤源太郎(御影)、相馬武男(音更)、古住基(忠類)、今野義吉(豊頃)。
・解散、昭和三八(一九六三)年二月一一日。
・清算人、今野義吉(豊頃)、日野治安(幕別)、相馬武男(音更)、大友次郎(新得)。

(『北海道戦後開拓農民史』から引用)

十勝地区開拓農業協同組合協議会

・歴代会長、児玉三作(川西)、杉山重夫(豊頃)。

(『北海道戦後開拓農民史』から引用)

十勝地区開拓者連盟

・昭和二一（一九四六）年結成。

・歴代委員長、勇富五郎（士幌）、加藤源太郎（御影）、相馬武男（音更）、木村政重（鹿追）、日野治安（幕別）、児玉三作（川西）、遠山謙（足寄）。

（『北海道戦後開拓農民史』から引用）

引用・参考文献

・『開拓営農指導員・開拓保健婦制度実施二〇周年記念誌』北海道農地開拓部　昭和四二（一九六七）年
・『然別地区八十年史』然別地区八十年史編纂委員会　昭和四四（一九六九）年
・『大樹町史』大樹町史編さん委員会　昭和四四（一九六九）年
・『日高・十勝・釧路の作物統計』北海道農林統計協会帯広支部発行　昭和四五（一九七〇）年
・『上士幌町史』上士幌町　昭和四五（一九七〇）年
・『拓土に花は実りて・戦後開拓婦人文集・体験記』北海道開拓者連盟　昭和四六（一九七一）年
・『豊頃町史』豊頃町史編さん委員会　昭和四六（一九七一）年
・『更別村史』更別村史編さん委員会　昭和四七（一九七二）年
・『北海道戦後開拓史』北海道戦後開拓史編纂委員会　昭和四八（一九七三）年
・『足寄町史』足寄町町史編纂臨時専門委員会　昭和四八（一九七三）年
・『北海道戦後開拓農民史』北海道戦後開拓農民史編さん委員会　昭和五一（一九七六）年
・『本別町史』本別町町史編さん委員会　昭和五二（一九七七）年
・『大樹町戦後開拓史』大樹町開拓農協精算委員会　昭和五三（一九七八）年
・『音更町史』音更町史編さん委員会　昭和五五（一九八〇）年

・『西帯広郷土史』西帯広郷土史編集委員会　昭和五五（一九八〇）年
・『士幌のあゆみ』町制二十年史編さん委員会　昭和五六（一九八一）年
・『清水町史』清水町　昭和五七（一九八二）年
・『芽室町八十年史』芽室町役場　昭和五七（一九八二）年
・『新広尾町史・第三巻』広尾町史編さん委員会　昭和五七（一九八二）年
・『帯広市史』帯広市史編纂委員会　昭和五九（一九八四）年
・『大樹町農業史』大樹町農業協同組合　組合長理事　角倉博　昭和五九（一九八四）年
・『源流・上札内開基八十周年記念誌』上札内開基八十周年記念誌編さん委員会　昭和六一（一九八六）年
・『池田町史・上巻』池田町史編集委員会　昭和六三（一九八八）年
・『新北海道史年表』北海道出版企画センター　平成元（一九八九）年
・『続・士幌のあゆみ』士幌町史へんさん委員会　平成四（一九九二）年
・『追補・本別町史』本別町史編さん委員会　平成四（一九九二）年
・『陸別町史・通史編』陸別町役場広報広聴町史編さん室　平成六（一九九四）年
・『鹿追町七十年史』鹿追町史編纂委員会　平成六（一九九四）年
・『千代田開拓百年史』千代田開拓百年記念事業協賛会記念誌部会　平成七（一九九五）年
・『新・大樹町史』新・大樹町史編さん委員会　平成七（一九九五）年
・『幕別町百年史』幕別町　平成八（一九九六）年

・『新・中札内村史』新中札内村史編集委員会　平成一〇（一九九八）年
・『更別村史・続編』更別村史編さん委員会　平成一〇（一九九八）年
・『浦幌町百年史』浦幌町百年史編さん委員会　平成一一（一九九九）年
・『忠類村史』忠類村史編さん委員会　平成一二（二〇〇〇）年
・『音更百年史』音更町史編さん委員会　平成一四（二〇〇二）年
・『帯広市史（平成十五年編）』帯広市史編纂委員会　平成一五（二〇〇三）年
・『清水町百年史』清水町史編さん委員会　平成一七（二〇〇五）年
・『足寄百年史・上巻』足寄町史編さん委員会　平成一九（二〇〇七）年
・『足寄百年史・下巻』足寄町史編さん委員会　平成二二（二〇一〇）年
・田島重雄著『ビルマ戦の生き残りとして』連合出版　平成二三（二〇一一）年
・藤田昌雄著『日本陸軍の基礎知識（昭和編）』潮書房光人社　平成三〇（二〇一八）年
・藤田昌雄著『日本陸軍　兵営の生活』潮書房光人社　平成三〇（二〇一八）年
・石井次雄著『拓北農兵隊』旬報社　平成三一（二〇一九）年
・『新得町百二十年史・上巻・下巻』新得町百二十年史編さん委員会　令和　二（二〇二〇）年
・鵜澤希伊子『知られざる拓北農兵隊の記録』高文研　令和　三（二〇二一）年
・加藤公夫編『十勝開拓史　年表』北海道出版企画センター　令和　三（二〇二一）年
・『平成二三（二〇一一）年九月三日付け、北海道新聞』

・『令和四（二〇二二）年三月二六日付け、北海道新聞』
・『令和四（二〇二二）年六月二〇日付け、北海道新聞』
・『令和四（二〇二二）年八月一五日付け、北海道新聞』
・『令和四（二〇二二）年八月一七日付け、北海道新聞』
・『令和四（二〇二二）年九月一五日付け、十勝毎日新聞』など

あとがき

戦時中、終戦後の緊急開拓入植の発端は、昭和一六（一九四一）年一二月八日から始まった太平洋戦争による結果ということを知りました。

太平洋戦争当時、日本は、北は、アリューシャン列島、千島列島、西は中国大陸、南太平洋の島々、ニューギニア、ガナルカタル、東南アジア方面、ビルマ（現、ミャンマー）とインドの国境インパール、コヒマでの戦闘、実に広範囲な地域で戦いました。

物資が豊富で圧倒的な兵力のアメリカ、イギリス軍に対して、軍需物資、食料の補給もなく、精神力に頼る日本軍は、無残にも、いたるところで、何千、何万の兵士が、バタバタと倒れ、玉砕していきました。実際の戦闘よりも、食料不足による飢餓、マラリアなどの戦病死も多かったといいます。

国内においては、生活物資不足、食料不足に苦しみ、農村では若者の出征により、子供、女性、老人が残り、労働不足となりました。そのため、小学高学年、旧制中学生たちが、食糧増産のため、農村に援農に行くようになりました。

終戦間近になると、日本のあちこちの都市が、アメリカ軍の空爆により、何十万人もの人々が犠牲になり、多くの家屋も焼失しました。家もなく、食料もなく、働くところもない都市住民は、各地へ食料の確保、働き場所を求めて、開拓入植に応募しました。

終戦間近、昭和二〇（一九四五）年七月一三日、東京都から北海道の集団帰農者受け入れに、九六六人が応募して、それぞれ割当られた入植地に着きました。

集団帰農者は、戦時中は、「拓北農兵隊」と呼ばれ、戦後は、「拓北農民隊」と改称されました。八月末までには、神奈川県、愛知県、大阪などから、約一、八〇〇戸、約八、九〇〇人の集団帰農者が入植しました。一〇月末までには、三、四六七戸、一七、三〇五人が道内各地に入植しました。

終戦の年、昭和二〇（一九四五）年八月の時点で、海外にいた日本人は、六六〇万人、その内、昭和二一（一九四六）年末までに、軍人、軍属、民間人、約五〇〇万人が帰国したとわれています。

戦時中、終戦後の日本国内は、慢性的な食料不足状態にあり、食料確保や働き場所の確保のため、戦災者や引揚者による緊急開拓入植が各地で始められました。

十勝も例外ではなく、十勝管内の開拓地は、六八、〇〇〇町歩が用意され、各市町村に旧満州、樺太からの引揚者、軍人、軍属、民間人が緊急開拓入植しました。

十勝には、昭和三〇（一九五五）年頃までに、五、〇二八戸が入植しました。緊急開拓入植者に与えられた開拓地は、農業や生活に困難な高台の火山灰地、無水地帯、湿地の多い土地、市街地から遠い陸の孤島と呼ばれるような奥地もありました。

十勝は、主として、明治二九（一八九六）年から本格的な開拓が始まり、十勝川流域の肥沃な土地は、すでに、二代目、三代目の既存農家が営農を行っていることもあり、緊急開拓入植者は、農業に不利な土地に入植するしかほかありませんでした。このため、農業の経験のない入植者が多かったことから、悪戦苦闘の結果、離農する人たちも多くいました。

昭和二四（一九四九）年には、戦後の緊急入植もあったことから、十勝の農家戸数は、二四、一〇〇〇戸、明治時代の開拓入植から、戦時中、戦後の緊急入植を経て現在までで、最も多い農家戸数となっています。十勝の耕地面積は一六四、三〇〇町歩、一戸あたり耕地面積は、六・八町歩でした。

令和二（二〇二〇）年現在、十勝の農家戸数は、五、二六二戸、最も多かった昭和二四（一九四九）年と比較すると、約四・六分の一の農家戸数に減少しました。十勝の耕地面積は、二三二、二九四町歩、一戸あたりの耕地面積は、約四四町歩、規模拡大が進みました。

農畜産物の生産高は、十勝管内二三農協で、約三、五〇〇億円となり、一戸平均にすると、約六、六五〇万円になります。各府県の農畜産物の生産高と比較すると、十勝管内の生産高だけで上位にランクされています。

明治、大正、戦前の昭和時代の開拓に引き続き、戦時中、戦後になってから、厳しい土地条件の開拓地に緊急入植した人々、離農された方々、風雪と労働に耐え忍んだ成果として、十勝の農業は、日本国内の農業の中で、比類のない発展を遂げました。

「十勝の戦時中・戦後の緊急開拓入植」を書き著す過程で、昭和二〇年代、三〇年代に、ほとんど農業経験のない人たちが、鍬一つで開墾に取り組み、成功した方々、苦難の末に離農された多くの方々が、いたことを知ることになりました。それらの方々の汗と涙も、今日の十勝農業を築きあげたのだと、理解しました。

本書の出版にあたりまして、北海道出版企画センターの野澤緯三男様のお世話になりました。厚くお礼を申し上げます。

妻には、原稿の校正など、いろいろな面で協力をして頂きました。

令和五（二〇二三）年一月　加藤　公夫　記

■編者略歴

・加藤公夫（かとう　きみお）
・昭和21（1946）年、北海道、芽室町生まれ
・帯広畜産大学別科（草地畜産専修）修了
・北海道職員退職（開拓営農指導員・農業改良普及員）

■主な著書

『北海道　砂金掘り』北海道新聞社	昭和55（1980）年
『酪農の四季』グループ北のふるさと	昭和56（1981）年
『根室原野の風物誌』グループ北のふるさと	昭和60（1985）年
『写真版・北海道の砂金掘り』北海道新聞社	昭和61（1986）年
『韓国ひとり旅』連合出版	昭和63（1988）年
『農閑漫歩』北海道新聞社	平成19（2007）年
『タクラマカンの農村を行く』連合出版	平成20（2008）年
『西域のカザフ族を訪ねて』連合出版	平成22（2010）年
『十勝開拓の先駆者・依田勉三と晩成社（編集）』北海道出版企画センター	平成24（2012）年
『中央アジアの旅』連合出版平成28（2016）年	
『日本列島　南の島々の風物誌』連合出版	平成29（2017）年
『シルクロードの農村観光（共著）』連合出版	平成30（2018）年
『松浦武四郎の十勝内陸探査記』北海道出版企画センター	平成30（2018）年
『松浦武四郎の釧路・根室・知床探査記』北海道出版企画センター	令和元（2019）年
『十勝開拓史　年表』北海道出版企画センター	令和３（2021）年
『十勝のアイヌ民族』北海道出版企画センター	令和４（2022）年

十勝の戦時中・戦後の緊急開拓入植

発　行　2023年６月30日
編　者　加藤公夫
発行者　野澤緯三男
発行所　北海道出版企画センター
〒001-0018　札幌市北区北18条西６丁目２-47
電話　011-737-1755　FAX　011-737-4007
振替　02790-6-16677
URL　http://www.h-ppc.com/
印刷所　㈱北海道機関紙印刷所

ISBN 978-4-8328-2301-3